もっと 世界一やさしい
YouTube 動画編集
の教科書1年生

青笹寛史

本書に掲載されている説明を運用して得られた結果について、筆者および株式会社ソーテック社は一切責任を負いません。個人の責任の範囲内にて実行してください。

本書の内容によって生じた損害および本書の内容に基づく運用の結果生じた損害について、筆者および株式会社ソーテック社は一切責任を負いませんので、あらかじめご了承ください。

本書の制作にあたり、正確な記述に努めておりますが、内容に誤りや不正確な記述がある場合も、筆者および株式会社ソーテック社は一切責任を負いません。

本書の内容は執筆時点においての情報であり、予告なく内容が変更されることがあります。また、環境によっては本書どおりに動作および実施できない場合がありますので、ご了承ください。

本文中に登場する会社名、商品名、製品名などは一般的に関係各社の商標または登録商標であることを明記して本文中での表記を省略させていただきます。本文中には ®、™ マークは明記しておりません。

［ はじめに ］

はじめまして。動画の世界へようこそ。今回、YouTube動画編集の方法を解説させていただく青笹寛史と申します。

前の本を出版して、約3年経ちました。本書は、前書の内容をもとに最新の情報に刷新し、さらに動画編集者として必要なテクニックを拡充した、増補改訂版です。

内容は一層充実しましたが、伝えたいことの本質は同じです。あらためて、動画編集で勝ち組になるための考え方を示します。

この本を手に取っているみなさんは

> 「動画編集って稼げるのかな？」
>
> 「動画編集ってどうやったらいいのかな？」
>
> 「動画編集の勉強を始めてみたい！」

このように思っているのではないでしょうか。

まず、おめでとうございます。正解です。動画編集市場はこれから成長市場となります。これから需要が伸びていく市場に参入したら、稼げる。これは至極当然の話です。

しかし、「誰でも簡単にできる」というわけではありません。この成長市場に上手に乗っかり、勝ち組になっていくためには

> ❶ 正しい方向性で
>
> ❷ 正しいペースで
>
> ❸ 正しい量を

努力する必要があります。

ここで、よくあるのが「❶正しい方向性」の間違いです。動画編集を始めようと思ったときに、現場ではまったく使わないマニアックな機能や知識をつけてしまう人が多発しています。これでは、どれだけやっても現場レベルの動画編集ができるようにはなりません。

はっきり言います。

本書は「正しい知識を網羅的に身につけるもの」ではありません。

「現場で使う知識と技術を最短距離で駆け抜けるもの」になります。

本書を読み終えて実践した暁には、みなさんは「にわか知識人間」になります。

しかし「現場で必要とされる知識と技術をぴったり必要な分、身につけている人間」になります。

この「ゴールに向かって必要な知識のみを身につける」という考え方こそが「❶正しい方向性」になります。

この考えこそが勝ち組思考であり、あらゆる競争で勝ち続けるコツとなります。

さて、残りの　❷正しいペースで　❸正しい量を　はどうすれば良いのか気になりますよね。

そちらは本書の一番最後で紹介しています。

さあ、勝ち組になる準備はいいですか？

目次

1 時限目　個人の力で稼ぐ時代、到来！

01 オワコンなんて嘘！動画市場はこれから拡大!! ……………… 12
❶ 動画広告市場は拡大を続けている　　❷「動画編集者が足りない」現実
❸ 上の商流がガラ空き

02 副業する人が増えている理由 ……………………………………… 15
❶「副業解禁」へ変化する日本社会　　❷ 副業希望者が増えた3つの理由
❸ 副業のメリット・デメリット

03 副業初心者が月5万円稼ぐための全体像 …………………… 18
❶ Adobe Premiere Proを契約する
❷ YouTube動画編集の基礎を学ぶ
❸ サンプル動画を作る　　❹ わかりやすいPRの営業文を作る
❺ 営業する　　❻ 月5万円を目指す
Column 1 代表的なクラウドソーシングサービス 3選 ………………… 22

04 動画編集者になるメリット・デメリット …………………… 24
❶ 動画編集者になるメリット　　❷ 動画編集者になるデメリット
❸ 動画編集者に向いている人の特徴

05 あなたの理想の働き方は？ …………………………………………… 27
❶ 働き方の多様化　　❷ 個人にも会社にもメリットがある働き方
❸ 選択肢が増えると人生が豊かになる
Column 2 YouTube収益化の条件 …………………………………………… 30

2 時限目　機材やソフトなどの事前準備

01 動画編集に必須のAdobe製品ってどんなもの？ ………… 32
❶ プロ向きの画像編集ソフトを提供するAdobe
❷ 動画編集でよく使うAdobe製品　　❸ 動画編集に最適なプラン

02 動画編集に必要な機材を揃えよう ………………………………… 36
❶ 動画編集に必要なのはソフトとパソコンだけ　　❷ ①動画編集ソフト
❸ ②パソコン

5

03 ワークスペースを作ろう 41
- ❶ パネルを自由に組み合わせられるワークスペース
- ❷ 自分好みのワークスペースを作ろう　　❸ ワークスペースの保存
- ❹ ツールバー（ツールパネル）のツールを覚えよう
- ❺ Premiere Proのメニュー

04 Premiere Proに動画を読み込んでみよう 48
- ❶ 2パターンの動画読み込み方法　　❷ 素材を編集できる状態にする

05 動画の保存と書き出しをしてみよう 51
- ❶ 動画を保存する　　❷ 動画を書き出す　　❸ 動画ファイルの種類
- ❹ 動画素材はMP4ファイルでもらおう

06 劇的に作業効率を向上するショートカットキー 55
- ❶ ショートカットキーの設定の仕方
- ❷ 新しいショートカットキーの設定　　❸ ショートカットキーの保存

Column 3 ショート動画サービス「YouTube shorts」の可能性 60

3時限目　動画をカットしてみよう

01 動画編集の第一歩、カットの基本操作 62
- ❶ カットに使う2つのツール　　❷ 動画をカットする手順
- ❸ 空白部分をなくす（リップル削除）

02 ショートカットを用いた高速カット 66
- ❶ ショートカットキーを覚えるコツ　　❷ カットのショートカットキー①
- ❸ カットのショートカットキー②

03 YouTube動画におけるカットのポイント 70
- ❶ 波形を見て編集する　　❷ カット作業は「3周ペース」で
- ❸ カットで使えるショートカットキーなど
- ❹ 動画を見やすくするジェットカット

4時限目　テロップ（字幕）を入れてみよう

01 テロップ（字幕）の2つの種類 76
- ❶ フォントの追加

02 プロパティを用いたテロップ ··· 83
❶ プロパティ　　**❷** アピアランスの編集　　**❸** 整列と変形

03 テロップに基本的なアニメーションをつけよう ·························· 91
❶ テキストに使えるエフェクト　　**❷** クロスディゾルブ・波形ワープ
❸ トランスフォーム／ガウス　　**❹** クロップ

04 テロップに自由なアニメーションをつけよう ···························· 100
❶ だんだん大きくなるアニメーション　　**❷** スライドするアニメーション
❸ 下から登場するアニメーション　　**❹** 震えるアニメーション
❺ 点滅するアニメーション

05 YouTube動画におけるテロップのポイント ····························· 111
❶ フォントの選択　　**❷** 色と大きさ　　**❸** Telop.site（テロップサイト）

5 時限目　画像を挿入してみよう

01 画像挿入で動画を見やすく分かりやすくする ························· 118
❶ 画像挿入の3ステップ　　**❷** 画像にアニメーションをつけよう
❸ 画像を画面横から出現させるアニメーション

02 おすすめの画像素材サイト ··· 125
❶ 画像素材サイトを選ぶポイント　　**❷** 無料画像素材サイト
❸ 有料画像素材サイト

6 時限目　BGM・SEをつけよう

01 音声挿入や音量調整などBGM・SEの基礎 ··························· 130
❶ BGMやSEの挿入方法　　**❷** 音声の基礎知識
❸ 音量調整の仕方①オーディオゲイン　　**❹** 音量調整の仕方②リミッター

02 おすすめBGMサイト ·· 136
❶ 楽曲の利用規約を必ず確認する
❷ 一度は聴いたことがあるおすすめの楽曲

03 動きや変化を表現するSE（効果音）の基礎 ·························· 142
❶ SEの3つの役割　　**❷**「SEがなくても動画は成り立つ」ことを意識

04 おすすめ効果音サイトと使ってはいけない効果音 ················· 145
❶ おすすめの効果音サイト　　❷ 効果音を選ぶときのポイント

05 感情をあらわすSE ················· 148
❶ 感情別のおすすめSE

06 ノイズが多く音質が悪いときの対処方法 ················· 150
❶ ノイズ除去の2つの方法　　❷ 全体的にノイズがある場合
❸ 部分的にノイズがある場合

7 時限目　色調補正をしよう

01 動画の見やすさを左右する色調補正 ················· 156
❶ Lumetriカラーの表示　　❷ Lumetriカラーで色調補正をする
❸ Lumetriスコープで色調補正を確認する

02 YouTube動画でよく使われる色調補正 ················· 165
❶ 色味が持つ一般的なイメージ　　❷ 感情を表す色味

8 時限目　動画編集でよく使うテクニックや編集レベルを上げるコツ

01 モザイク処理 ················· 170
❶ モザイクを使うシーンとモザイクの種類　　❷ モザイク処理の手順

02 図解表現をマスターしよう ················· 174
❶ 図解のポイント　　❷ わかりやすい図解の例（組織図）

03 強調テロップ ················· 176
❶ 部分強調　　❷ 全体的な強調
❸ 強調テロップでよく使われるデザイン

04 動画デザイン ················· 181
❶ 動画デザインを構築するポイント

05 アイキャッチ ················· 184
❶ アイキャッチの意図と挿入タイミング
❷ Premiere Proでのアイキャッチの作り方
❸ Canvaのテンプレートを使う場合

06 オープニング／エンディング動画の作り方 ·······················188
① オープニング／エンディング動画の役割
② Premiere Proでの作成方法　③ Canvaでの作成方法
Column 4 YouTubeの終了画面の設定方法 ·······················193

9 時限目　サムネを作ってみよう

01 サムネイルを作るためのPhotoshopの基本 ·······················196
① 動画サムネイルの作成　② 画像を編集する
③ Photoshopで画像を書き出す
Column 5 サムネイルのギャラリーサイトSAMUNE ·······················208

02 色相環に基づく配色デザインのルール ·······················209
① 情報を正しく円滑に伝えるためのデザイン
② 「補色」の組み合わせで見栄えと視認性を確保
③ 色が持つイメージを意識する

03 見やすさが大きく変わる、文字組みと配置 ·······················215
① 動画視聴者の「視点の移動」を意識する
② バランスを考えた文字の組み方　③ 整列を使った文字の揃え方

04 様々な視覚効果をつけられるレイヤースタイル ·······················221
① レイヤースタイルの使い方

05 サムネ画像に必須　人物の切り抜き方 ·······················228
① 人物を切り抜く3つの方法
② 多角形選択ツールと自動選択ツール
③ remove.bg

10 時限目　プラスαの編集者になろう

01 「長く見られる動画」の指標、視聴維持率 ·······················236
① 「良い動画」とは　② 適切な尺（時間の長さ）
③ 動画のテンポを上げる要素
④ ターゲットに合わせたテンポにする
Column 6 YouTuberのランキングサイト「ユーチュラ」活用法 ·······················241

02 クリック率を上げるサムネとは ──────── 243
❶ サムネイルの役割
❷「目にとまるサムネ」「訴求力があるテキスト」
Column 7 急上昇の仕組みとは ──────── 245

11 時限目 実務作業と効率化

01 動画編集者に求められていること ──────── 248
❶ 既存動画を完コピする能力
❷ 負担にならないコミュニケーションを心がける
❸ マーケティングを動画編集に落とし込む力

02 案件獲得までの具体的な流れ ──────── 251
❶ 案件獲得までの7ステップ　　❷ ヒアリング、契約、素材の受け取り
❸ 編集、納品、報酬の受け取り

03 動画編集者としてミスを減らすために ──────── 258
❶ 動画編集者が仕事で注意されるミス一覧
❷ 限りなく失敗を減らせる動画編集フロー
Column 8 YouTubeの限定公開などの設定方法 ──────── 260

12 時限目 動画編集者のその先

01 動画編集者の次のキャリア「動画ディレクター」 ──────── 262
❶ 動画ディレクターとは　　❷ ディレクターになるメリットとデメリット

02 クライアントの売上を作る「マーケター」 ──────── 265
❶ マーケターとは　　❷ マーケターになるメリットとデメリット
❸ 動画編集者が最低限知っておくべき心理学知識
Column 9 YouTube分析ツールの紹介 ──────── 268
Column 10 フリーランス向けおすすめサイト ──────── 269

1時限目 個人の力で稼ぐ時代、到来！

動画編集はこれから需要が増えることが予想される仕事です。自分のライフスタイルに合わせてスキルを身につけましょう。

01 オワコンなんて嘘! 動画市場はこれから拡大!!

ここでは、まだまだ拡大する動画市場について実際のデータに基づき解説していきます!

1 動画広告市場は拡大を続けている

●動画広告市場規模推計・予測

　「副業は気になるけど、いまから動画編集を始めるのは不安」という声があります。上の表はサイバーエージェント社が調査・発表した2023年国内動画広告の市場調査の推計予測（https://www.cyberagent.co.jp/news/detail/id=29827）ですが、これを見ると右肩上がりの動画市場はオワコンではないということがわかります。
　2021年以降、5G回線の普及にともなって通信インフラが整備されるようになっているため、今後はさらに動画コンテンツの試聴時間も増加していくでしょう。

2 「動画編集者が足りない」現実

　動画の需要が高まっているのはわかったけど、動画編集者はすでにたくさんいるのでは？　と思う人もいるのではないでしょうか。

　しかし実際は、需要に対して供給が追いついていないのが動画市場の現状です。YouTubeを始める一般人や動画広告費を増やそうと考える企業にとって、**動画を制作することに対してハードル**があります。

　1本の動画を投稿するためには「企画」「撮影」「編集」「投稿設定」が必要で、たった15分の動画でも多くの作業時間がかかります。そのような負担の一端を担うのが動画編集者なのです。

　どの企業や事業主も「**動画編集者が足りない**」と喘いでいるのが現状です。その結果優秀な動画編集者の取り合いとなっています。

　つまり、今から動画編集を始めてもまったく遅くないのです。

● 一連の流れの中で、動画編集を請け負うのが動画編集者

1時限目　個人の力で稼ぐ時代、到来！

3　上の商流がガラ空き

　動画編集者市場はできたばかりです。そのため足りないのは動画編集者だけではありません。「管理職」のポジションがガラ空きなのです。

　一般に、どういったプロジェクトでも「プロジェクトマネージャー（PM）」という役職が存在します。動画編集においてプロジェクトのマーケティングを担当するのが「**マーケター**」という役職です。

　マーケターがマーケティング戦略を練り、その戦略の実行に制作物が必要な場合「ディレクター」が制作物の品質の責任を負います。そのディレクターの下で実際に制作物を作るのが「作業者（編集者）」です。

　プログラミングやライティングなどの分野はすでに「ディレクター」や「マーケター」のポジションが埋まっていますが、動画市場は歴史が浅いため、こういったポジションの人が少ないです。今動画編集を始めて「ディレクター」や「マーケター」に商流をあげていけば、月収100万円も現実的な数字となっていきます。

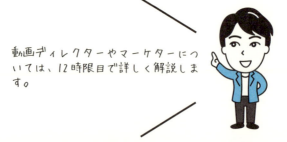

動画ディレクターやマーケターについては、12時限目で詳しく解説します。

ここがポイント

- 動画広告市場はまだまだ拡大する
- 動画編集者は不足している
- 動画編集者からスタートして上の商流を目指せば月収100万円を狙える

02 副業する人が増えている理由

最近、日本全体で副業を始める人が増えてきています。その背景には何があるのでしょうか。ここでは、実際のデータに基づきながら副業者が増加する理由について解説します。

1 「副業解禁」へ変化する日本社会

　終身雇用制度が一般的であった日本において、副業や兼業は多くの企業で禁止されてきました。しかしながら、長引く不況の中、仕事へのやりがいの低下や、終身雇用に対する不安の増加などの問題が発生しました。

　そういった背景により副業や兼業をする人が増加したことで、厚生労働省は令和2年に「**副業・兼業ガイドライン**」の改定を行いました。

　政府が副業・兼業を推進したことで、企業も「副業解禁」をするなど社会全体が変化しています。

副業しやすい条件・環境が整ってきています。メリット・デメリットを考えてみましょう。

2　副業希望者が増えた3つの理由

　ここでは副業希望者が増えた要因を3つ紹介します。

❶本業以外の収入を得たい

　コロナ禍における収入減により、本業以外でも収入を得たいと考える人が増えているようです。また将来に対する不安を払拭する手段として、副業を始める人も増加しています。

❷自由な時間が増えた

　テレワークの拡大により、移動時間などに費やされていた時間がなくなりました。それらの新しく生まれた時間を活用し、副業を始める人も増加したようです。

❸企業が外注する機会が増えた

　今までは、多くの企業が業務を内部完結させるシステムをとっていました。しかし、業務効率化やコスト削減目的で、業務のアウトソーシングを行う企業が増加。さらにフリーランスや副業者の増加とともに、企業も業務の一部を必要な**スキルを持つ個人に外注**することが増えてきています。

● 副業希望者が増えた3つの理由

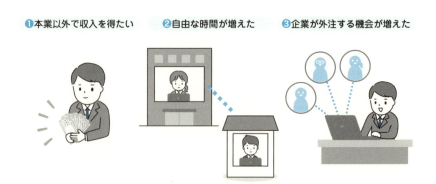

❶本業以外で収入を得たい　❷自由な時間が増えた　❸企業が外注する機会が増えた

3　副業のメリット・デメリット

副業のメリット・デメリットを簡単にまとめてみました。

● 副業のメリット・デメリット

メリット	デメリット
・本業では得られない経験をする（新たな知識や情報を得る） ・収入源を複数持つことで精神的に余裕が生まれる ・転職することなく、やってみたかったことに挑戦できる	・情報漏洩のリスクがある ・本業に支障をきたす恐れがある ・実力勝負のため、実力を磨かなければ稼げない

　これを見ると、個人だけでなく企業側にも副業に対するメリットがあることが理解できるのではないでしょうか。

　時代の流れにともない、人生の働き方改革が始まっています。副業をすることも人生の選択肢の1つです。この流れに乗って始めてみるのもいいのではないでしょうか。

副業できるかどうかは、本業の会社によります。事前に必ず就業規則を確認しましょう。

ここがポイント

- 働き方が変わり、政府も副業・兼業を支援している
- 様々な理由で副業を始める人が多い
- 企業にとっても副業はメリットが多い

03 副業初心者が月5万円稼ぐための全体像

副業で月5万円稼ぐことは、副業初心者の第一関門です。ここでは、どのような道のりで月5万円を稼ぐことができるのか、6ステップに分けて全体像を解説していきます！
詳細は各時限で解説するので安心してくださいね！

● 動画編集者のロードマップ

1 Adobe Premiere Proを契約する

2 YouTube動画編集の基礎を学ぶ

3 サンプル動画を作る

4 わかりやすいPRの営業文を作る

5 営業をする

6 副業で月5万円を目指す

1 Adobe Premiere Proを契約する

　動画編集者の多くはまずAdobeの「**Premiere Pro**」というソフトを使って、編集の基本を学びます。Adobeは他にも様々な関連ソフトがあり互換性も優れているので、映画の編集にも使われている製品です。

　動画編集者は基本のPremiere Pro以外にも、「Photoshop」や「Illustrator」などの写真加工系ソフトや、「After Effects」といったアニメーション作成ソフトなども使うことが多いので、この本ではAdobeの「**コンプリートプラン**」を契約することをお勧めします！（詳細は2時限目で解説）

2　YouTube動画編集の基礎を学ぶ

● 動画編集の学習方法

学習方法	メリット	デメリット
YouTube	・無料	・何から学べばいいのか迷子になる可能性が高い
本	・体系的に学べる	・情報が古い可能性が高い
スクール	・講師が目の前で教えてくれる	・費用面の負担が高い ・通う必要がある
オンライン教材	・編集方法 　〜案件獲得まで体系的に学べる ・無制限で質問に答えてくれる ・教材がアップロードされる	・約7万円かかる

　上の表のように動画編集の学習方法はたくさんあります。本書では動画編集の基礎を体系的に学べます。

3　サンプル動画を作る

　このステップでは、実際に学んだことをアウトプットして**サンプル動画**を作成していきます。ここで作る動画は、これから解説しますが、営業する際にセットでクライアントに提示するものです。

　サンプル動画では、自己紹介動画（「自分の名前」「何ができるか」「使っているソフトは何か」など）を作成する人が多いです。X（Twitter）で「＃ポートフォリオ動画」と検索すると、他の人の動画を参考として見ることができます。

　サンプル動画で意識することは「クライアントがどんな動画を制作してほしいと思っているか」を考えることです。お笑い系YouTuberに提案する動画と、会社の広報用に提案する動画は違うはずです。自分が提案する営業先のことを見据えてサンプル動画を制作しましょう！（詳細は11時限目で解説）

4　わかりやすいPRの営業文を作る

　営業文を作る目的は、自分の実力相応の評価をしてもらうことです。自分の実力が単価5,000円もらえる相当なのに、案件がもらえなかったり、安い単価の案件しか取れなかったら悲しいですよね。そのため、いい営業文を作り自分を適切にPRする必要があります。

　その上で重要なポイントは主に4つです。

> ① **不要な文がない**
> ② **礼儀がある**
> ③ **クライアントが求めている強みがある**
> ④ **ぱっと見で内容が大体わかる**

　誤字脱字などにも注意しながら、営業文の雛形を作っておき、営業活動を進めやすくしましょう！　詳しくは11時限目で解説します。

5　営業する

　初心者のときはまず**クラウドソーシングサービス**上で営業をすることがお勧めです。具体的には「ランサーズ」「クラウドワークス」「ココナラ」などに登録をして、「動画編集」と書かれた仕事に応募すれば営業完了です。

　クラウドソーシングサービスではたくさんの募集があると思いますが、なるべく多く応募して実際に自分のスキルでお金を稼いでみるという経験を積むことが重要です。

6 　月5万円を目指す

　みなさんにお伝えしたいことは「誰でも副業で月5万円稼ぐことができる」ということです。

　動画編集というスキルで月5万円を目指す際は次の計算式で考えてみてください。

動画単価1,000円×50本＝50,000円
動画単価5,000円×10本＝50,000円
動画単価50,000円×1本＝50,000円

　分解してみると、どのぐらい努力したら月5万円稼ぐことができるのかが明確になりますよね。動画編集の単価は案件によって様々なので、いくらの金額を何本こなせばいいのかを考え、月5万円を着実に稼いでいきましょう。

　また、スキルを問わず月5万円稼ぐことは1つの分野に特化し、継続すれば必ず達成できる金額です。自分の中で1つの軸を作り、継続すること、それが月5万円稼ぐために必要なマインドとなります。

ここがポイント

- YouTube動画編集のスキルを身につけるための、全体の流れを把握しよう
- 実際に行動してみよう
- 目標のために必要な要素を因数分解して、適切な方向に努力しよう

Column 1

代表的な
クラウドソーシングサービス 3 選

　ここでは、実際に動画編集者になって利用するであろう大手のクラウドソーシングサービスを 3 つ紹介していきます。

　クラウドソーシングとは、企業や事業主といった依頼主がインターネット上で募集をかけ、在宅ワークを行っている主婦やフリーランス、学生といったユーザーが仕事を請け負う仕組みのことを指します。

　大手のクラウドソーシングサービスを 3 つ紹介します。

CrowdWorks（クラウドワークス）
https://crowdworks.jp/

　国内最大級のクラウドソーシングサービスで、次に紹介するランサーズと並ぶサービスと言えます。案件数は 200 万件以上を誇るサービスで、システム開発、アプリ開発、ライティングなどの様々な仕事カテゴリーが存在します。

　また、一定の基準をクリアした優良ユーザーに対して与えられるプロクラウドワーカーの認定制度や、フリーランスに対するスキルアップ講座、確定申告・法律相談などのサポートも充実しています。

● CrowdWorks（https://crowdworks.jp/）

Lancers（ランサーズ）
https://www.lancers.jp/

　日本初のクラウドソーシングサービスとして 2008 年にサービスを開始しました。依頼総数 200 万件以上と案件自体も豊富にあるので、幅広く仕事を見つけ出すことができます。

（次頁に続く）

基準を満たしたユーザーに対して贈られる認定ランサー制度や税務サポート・スキルアップ教育支援など、スムーズな受発注をサポートしてくれるサービスも充実しています。

● Lancers（https://www.lancers.jp/）

ココナラ
https://coconala.com/
　「知識・スキル・経験」を売り買いできるプラットフォーム、ココナラです。案件を公開し在宅ワーカーを募集することも可能ですが、フリーマーケットの出品者のように自分の得意なスキルを商品として出品することも可能です。仕事カテゴリーも充実しており、デザイン、イラスト、ビジネス相談などが存在します。

● ココナラ（https://coconala.com/）

　概要のみの紹介ですが、案件獲得のためにはこの3社はすべて登録してみることをお勧めします。自分にあったサイトを見つけるためにも、まずはすべてで応募、提案等してみてください。

04 動画編集者になる メリット・デメリット

実際に副業で動画編集を始めてみたい人に向けて、動画編集者になるメリット・デメリットについて解説していきます！ 最後にはどんな人が動画編集者に向いているかも説明するので、ぜひ参考にしてください！

● 動画編集者になるメリット・デメリット

メリット

市場がどんどん拡大している
パソコン1つでどこでも働ける
スキルが身につく

デメリット

初期投資が必要
最低限のパソコンの
スキルが必要

1 動画編集者になるメリット

動画編集者になるメリットを簡単に3つ紹介します。

①市場がどんどん拡大している

YouTuberは増え続け、5Gの影響により今後さらに動画の需要は加速していくことでしょう。詳しくは1時限目01で解説したので、ぜひ参考にしてください！

②パソコン1つでどこでも働ける

パソコン1つで働ける動画編集者は、場所的制限がない職業です。また、時間に関しても、先にクライアントにタイムスケジュールを共有しておけば、比較的自由に働くことが可能です。

③スキルが身につく

　動画編集者になることで身につくものは編集スキルだけではありません。クライアントとの打ち合わせや個人事業主になった場合の節税方法など、様々な実践経験を得られます。

　このように、動画編集者になれば、いわゆるノマドワーカーとして働くことができるようになります。自分のスキルを使い、時間や場所に捉われない働き方は魅力的ではないですか？

2　動画編集者になるデメリット

　反対に、動画編集者になる際のデメリットを簡単に2つ紹介します。

①初期投資が必要

　動画編集者になるには、動画編集可能な最低限のスペックを持つパソコンと編集ソフトへの投資が必要です。仕事を始める前にある程度の資金が必要なのはデメリットかもしれません。必要な機材などに関しては2時限目で詳しく解説します。

②最低限のパソコンスキルが必要

　動画編集の仕事はパソコン操作が必須です。動画を見るのは好きでも、パソコンを最低限使いこなせないことには動画編集の仕事はできません。

デメリットとしましたが、これらは動画編集者になるまでの「ハードル」です。

動画編集のデメリットとして、初期費用と最低限のパソコンスキルが必要ということを挙げました。副業を始める前は不安が多いと思いますが、動画編集のスキルは誰でも身につくものです。「きちんと学べば稼げる仕事」ということを念頭におくと、このデメリットはあまりないようにも思います。

3　動画編集者に向いている人の特徴

動画編集者に向いている人の特徴を挙げてみました。

- ・動画が好きな人
- ・時間を確保できる人
- ・根気強い人

　もちろんすべて当てはまる必要はありませんし、興味さえあれば積極的に挑戦して大丈夫です。動画編集は一過性のスキルではなく、一度学べば継続的に活用できるスキルです。
　副業の選択肢として選んでみてもいいのではないでしょうか。

ここがポイント

- ◉ 動画編集は需要が拡大している仕事で、さらに時間・空間的制限を受けない仕事である
- ◉ 始める前にある程度の投資とスキルが必要
- ◉ 動画編集は興味だけで学び始めてもOk

05 あなたの理想の働き方は？

今後個人の働き方はどのように変化していくのか、またどのように働くことが個人・経済にとって理想的なのかを考えながら、あなたの理想の働き方を一緒に考えていきましょう！

1　働き方の多様化

　近年では人々の働き方が多様化しています。いまは女性もバリバリ働き、男性も育児に参加するのが普通の時代です。共働きが多い時代で、「仕事中の子育てをどうするのか？」という問題を抱えている人もいることでしょう。

● 自分の理想の働き方は？

1時限目　個人の力で稼ぐ時代、到来！

結婚する人しない人、給料より自由時間を優先したい人、様々な仕事に挑戦したい人……望む働き方は本当に人それぞれです。

だからこそ、自分の理想の働き方を想像するのが難しい時代ですが、働き方が多様化したということは、より「自分の理想とする人生」を選択しやすくなったということ。キチンと考えて、自分の人生を豊かにする働き方を考えましょう！

2　個人にも会社にもメリットがある働き方

動画編集者になると**フリーランス**という働き方になる方が多いかと思います。

ただフリーランスと言っても、本業を持ちながら仕事をする人、趣味の延長として仕事をする人、学業の合間に仕事をする人など、働き方は多様です。

満員電車に乗るのが嫌、人に決められたスケジュールで働くのが苦手、個人作業に集中したい……という理由でフリーランスになる人もいます。

一方で「収入が不安定になる」というデメリットももちろんあります。そのデメリットを考慮すると、自分はサラリーマンの方が向いているという人もいるでしょう。

企業としても、働き方を多様にすることで、社員の能力値が上がったり、従来の仕組みでは雇えなかった人を雇えるようになります。

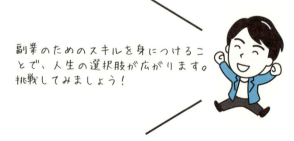

働き方の多様化は、個人と企業の両方にメリットがあります。だからこそ、あなたの理想の働き方を追求してみてください。

3　選択肢が増えると人生が豊かになる

日本では、高校から大学に進学し、新卒で就職、そして結婚という流れが一般的ですが、実際には様々な選択肢があるはずです。ただ、多くの人はそれ以外の選択肢を選ぶことができなかったり、他の選択肢が思いつかなかったりします。

もちろんそれは悪いことではないのですが、選択肢を増やすことができれば人生が豊かになります。動画編集のような**稼げるスキル**を持つことは選択肢を増やす1つの方法です。

一度、自分の理想の働き方を考えてみましょう。
最終的に動画編集のスキルを身につけたいと思った人は、この本を読み進めていってください。

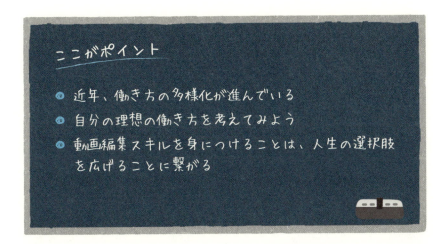

ここがポイント
- 近年、働き方の多様化が進んでいる
- 自分の理想の働き方を考えてみよう
- 動画編集スキルを身につけることは、人生の選択肢を広げることに繋がる

Column 2

YouTube 収益化の条件

YouTube の収益化に必須の条件について解説します。チャンネルを将来収益化させたい人は押さえておきましょう。

収益化の条件

YouTube 上で収益化を目指すためには「YouTube パートナープログラム」に入る必要があります。YouTube パートナープログラムを利用することで、次のようなクリエイターとして役立つ機能が拡張されるメリットもあります。

- 広告掲載から得られる収益を得る
- クリエイターのサポートチーム問い合わせができる
- コピーライトマッチツール（重複動画の検出ツール）

YouTube パートナープログラムを利用する最低条件は以下の通りです。

- すべての YouTube チャンネル収益化ポリシーを遵守していること
- 利用可能な地域に住んでいること
- コミュニティガイドラインの違反警告がない
- 直近 12 か月の動画総再生時間が 4,000 時間以上、または、直近 90 日間のショート動画の視聴回数が 1,000 万回以上である
- チャンネル登録者数が 1,000 人以上
- リンクされている AdSense アカウントをもっている

自分の YouTube チャンネルが YouTube パートナープログラムの利用要件を満たしているかは、https://studio.youtube.com/channel/UCup2HEQZlf1SWfnoaZFONOQ/monetization で確認できます。

YouTube パートナープログラムの申込手順

最低条件をクリアしたら、次の手順で YouTube パートナープログラムに申し込みを行いましょう。

① YouTube にサインインする
② 右上プロフィール写真 ➡ 「YouTube Studio」を選択する
③ 左側メニューの「収益化」をクリックする
④ 条件を満たしている場合「パートナープログラムの利用規約を確認する」のカードの「開始」をクリックする
⑤ 利用規約に署名する

詳しい説明は https://support.google.com/youtube/answer/72851?hl=ja で確認可能です。

2時限目 機材やソフトなどの事前準備

必要なものはパソコンとソフトだけ！ここでは動画編集に必要なものの準備について解説していきます。

01 動画編集に必須のAdobe製品ってどんなもの?

動画編集に欠かせないのがAdobe製品です。Adobe製品を使うと何ができるのか、実際に使うにはどうしたらいいのか、を具体的に分かりやすく、解説していきます!

1 プロ向きの画像編集ソフトを提供するAdobe

Adobeと聞くと次のようなロゴを想像する方が多いのではないでしょうか？

● よく見るAdobe製品

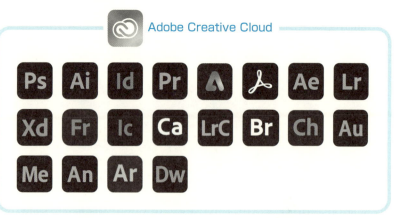

Adobeは、動画編集はもとよりプロ向け画像・動画編集ソフトウェアを開発・販売する企業です。

Adobeとは Adobe 社（アドビシステムズ）のこと、プロ向けの画像編集ソフトを提供する企業です。

　Adobe 製品（ソフトウェア）は世界中でプロのデザイナーやクリエイターたちが利用する高性能・高品質のツールです。Adobe 製品は毎年バージョンアップされており、現在は「**Adobe Creative Cloud**（アドビ クリエイティブ クラウド）」、Adobe CC（シーシー）と呼ばれています。

　プロも使うツールで、デザイナーや動画編集者のようなクリエイティブ系の職業の人の多くがよく使うツールです。

2　動画編集でよく使うAdobe製品

　ここでは Adobe 製品の中から動画編集でよく使われる CC ソフトを紹介します。また、各ソフトでできることを図でまとめています。

● 動画編集で使うソフト

Photoshop CC
・写真をキレイにレタッチ
・写真を合成して別物に加工
・イラストの作成
・画像にエフェクト

Illustrator CC
・イラスト
・印刷物全般
・商品デザイン全般
・ロゴ、Webデザイン

Premiere Pro CC
・動画のカット
・色調補正
・エフェクト追加
・テロップ、画像、BGM挿入

After Effects CC
・特殊アニメーション
・CG制作
・映像の合成処理
・映像のマスキング

Media Encoder
動画の書き出しなどに使われ
以下のソフトと併用されることが多い
　・After Effects
　・Premiere Pro

写真加工「Photoshop CC」

Photoshopは画像加工編集アプリです。「フォトショマジック」と言われるほど、一般的な画像編集アプリとは別次元の加工や合成が可能なソフトです。

YouTube動画編集ではサムネイルの作成などに使います。

デザイン「Illustrator CC」

Illustratorはイラスト作成に使われるソフトです。印刷物に使われるベクター形式の画像作成にも対応します。

YouTube動画編集では、たまにテロップデザインを凝るときに使います。めったに使うことはありません（本書では解説しません）。

動画編集「Premiere Pro」「After Effects」

Premiere ProとAfter Effectsはいずれも動画編集ソフトです。しかし、使い分けが異なります。

簡単に言うと、既にある動画（撮影した映像など）を編集する目的で使うのが「Premiere Pro」です。これに対して、1から動画を作り出すのが「After Effects」です。YouTube動画編集ではPremiere Proを使うことがほとんどで、After Effectsを使うことはほぼありません。本書ではPremiere Proを使って動画編集を行う方法を解説します。

その他「Media Encoder」

Media Encoderは、Premiere ProやAfter Effectsなどで作成した動画を書き出し（エンコード）する際に使用するプラグインのようなソフトです。単体で使うというよりは、他のソフトと併用して使われます。

今回紹介したソフトは一般的な企業でも使われることが多いソフトです。ぜひ覚えておきましょう。他にも様々なソフトがありますので、気になる人は調べてみてください。

3 動画編集に最適なプラン

　Adobe CCは毎月一定の金額を支払って使用します。各ソフトウェアを個別に契約・定期課金する「単体プラン」のほかに、写真編集に特化した「フォトプラン」、すべてのアドビソフトウェアが利用可能な「コンプリートプラン」が提供されています。学生や教職員向けの学割も用意されています。

お勧めはコンプリートプラン

　様々なプランがありますが、本書では「**コンプリートプラン**」をお勧めします。YouTube動画編集で必須のソフトは「**Premiere Pro**」と「**Photoshop**」です。両方をインストールできる最安プランが「コンプリートプラン」だからです。

ここがポイント
- Adobeはプロ向け画像編集ソフトを提供する企業
- 動画編集はAdobe CCを使って行う
- 動画編集を行うならAdobeコンプリートプランがコスパ最強

02 動画編集に必要な機材を揃えよう

動画編集者になるために必要な機材を紹介します。働き始めて困ることがないようにしっかりチェックしてください！

1　動画編集に必要なのはソフトとパソコンだけ

動画編集者になるために最低限必要なものは次の2つです。

① 動画編集ソフト
② パソコン

動画撮影はスマホでも可能です。サンプル動画作成などは、スマホで撮影した素材を使ってもいいでしょう。

動画撮影を行う場合は別途撮影機材が必要になりますが、本書では編集についてのみ解説するので、この2つがあれば十分です。
ここからはこれら2つを揃える上での注意点などを解説します。

2　①動画編集ソフト

本書ではAdobe CCの使用を前提としています。購入方法は公式サイト（https://helpx.adobe.com/jp/x-productkb/policy-pricing/how-to-buying.html）を参照してください。本書ではコンプリートプランを契約することを推奨しています。

● [購入ガイド] 購入方法について（https://helpx.adobe.com/jp/
x-productkb/policy-pricing/how-to-buying.html）

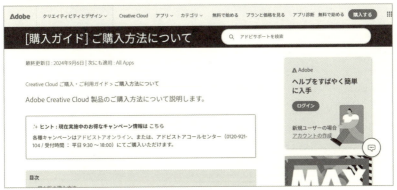

ページ内には次の3つの方法が記載されています。

A. 個人版の購入方法
B. 学生・教職員版の購入方法
C. 法人版のお見積り方法

学生・教職員の場合は学割が利用できます。

なお、購入時にはクレジットカード情報（年間プランの場合は銀行振り込み、コンビニ払いが可能）とAdobe IDの作成が必要です。

「学生・教員版プラン」で契約する場合は、在籍の教育機関情報を入力する必要があるので注意してください。

契約が完了したら、次のソフトをインストールしましょう。すべてコンプリートプランに含まれています。

● 必要なソフト
・Premiere Pro（動画編集）
・After Effects（アニメーション）
・Photoshop（サムネイル）
・Media Encoder（書き出し）

Adobeのサイト（https://www.adobe.com/jp/）へブラウザでアクセスし、右上の「ログイン」からログインします。

● Adobe サイトでログインする

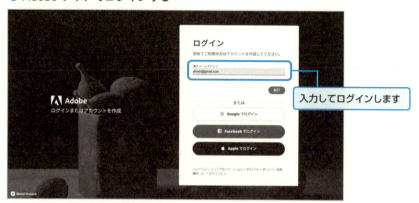

Creative Cloud を開きます。

● Creative Cloud を開く

画面左上の「アプリ」をクリックします。

●「アプリ」をクリック

契約したプランに含まれるアプリの一覧が表示されます。ここから必要なソフトをインストールします。

● **必要なソフトをインストールする**

インストールしたソフトはこの画面上に表示されます。

● **インストール済みアプリの表示**

3　②パソコン

パソコンは動画編集者なら絶対に必要な機材です。
　まず、動画編集に使用するパソコンはMac・Windowsいずれでもかまいません。またノートパソコン・デスクトップパソコンどちらでも大丈夫です！

ただし、動画の編集には、ある程度のスペックを持つパソコンの使用を推奨します。低スペックなパソコンでも動画編集できないことはないですが、処理が非常に遅くストレスになります。

　これから動画編集用のパソコンを購入しようと検討している場合は、次のスペックを参考にしてください。また、編集作業は細かい作業になることも多いため、ノートパソコンよりデスクトップパソコンの方が作業しやすいです。

> **動画編集用パソコンのスペック（最低限）**
> ・CPU（Core i7）
> ・メモリ（16GB）
> ・SSD（256GB）

　Core i7以上のある程度の処理性能があるCPUを搭載し、メインメモリ（主記憶）は16GB以上を推奨します。内蔵ストレージは256GB以上のSSDにすることで、データの読み書きの速度が速くなります。

　なお、以上は最低限のスペックです。4K動画の編集を行う場合はより高性能なパソコンが必要になります。

　YouTubeで「動画編集　パソコン」と検索すると、実際に動画編集をしている人がお勧めのパソコンを紹介しています。そういった情報も参考にしてください。

　準備をきちんと行い、編集スキルを学ぶ環境を整えましょう！

ここがポイント

- 動画編集に必要なのはソフトウェアとパソコンだけ
- 動画編集ソフトはAdobe CCのコンプリートプランを契約する
- 必要なスペックを備えたパソコンを用意する

03 ワークスペースを作ろう

ここからPremiere Proを触っていきましょう！ ここでは「ワークスペース」を説明していきます。また、ツールバーやPremiere Proのメニューについても解説します。

1 パネルを自由に組み合わせられるワークスペース

「**ワークスペース**」とは、作業内容に応じて選べるパネルの組み合わせや配置のプリセットのことです。

● ワークスペースの参考例

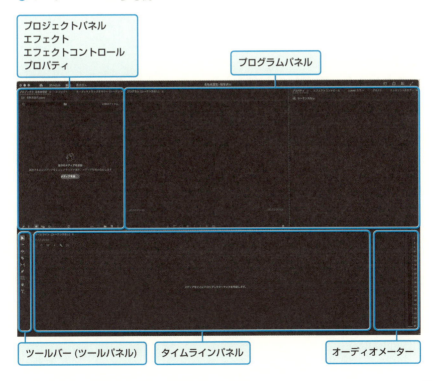

よく使われるパネルを次にまとめました。今は覚える必要はありません。「そんなものがあるんだ」程度の理解で大丈夫です。

プログラムパネル

素材の管理をするパネルです。「ビン」と呼ばれるフォルダのような機能で素材をまとめることも可能です。

ソース

プロジェクトパネルで素材をダブルクリックすると、このソースパネルに表示されプレビューできます。

レイヤー

レイヤーは「層」「階層」の意味です。透明なフィルムのようなものと考えると理解しやすいです。Premiere Proで動画編集をする際は、（動画やテロップなどの）レイヤーを層のように重ね合わせて編集し、1つの動画にしていきます。

タイムラインパネル（シーケンス）

素材を並べて編集していくパネルです。プロジェクトパネルから素材をドラッグしたりして並べていきます。

プログラム

タイムラインに並んだ素材を再生する画面です。編集中は基本的にこのプログラム画面を見ながら動画を組み立てていきます。

ツールバー（ツールパネル）

ツールバーには、タイムライン上に並んだ素材を加工するツールが一覧表示されています。このツールを持ち替えながら作業を進めます。

エフェクトコントロール

エフェクトの数値を操作するパネルです。

これ以外にもパネルはありますが、触りながら自然と覚えていくので大丈夫です！

2　自分好みのワークスペースを作ろう

　筆者のワークスペースを参考に、実際に組み合わせて新しいワークスペースを作って保存してみましょう。

　ワークスペースの操作方法を次にまとめました。

追加したいパネルがある場合

　画面上の「ウィンドウ」から追加したいパネル（モニター）にチェックを入れると追加できます。

不要なパネルがある場合

　いらないパネルを右クリックし、「パネルを閉じる」を選択すると、不要なパネルを削除できます。

パネルを移動させたい場合

　パネルの位置を変更したい場合は、ドラック＆ドロップで移動できます。

　ワークスペースの編集方法はとても簡単です。編集中に動かすこともできるので、自分の好みに合う組み合わせで作業してください。

3　ワークスペースの保存

　自分好みのワークスペースの組み合わせができたら、その配置を保存しましょう。

　好みの配置にした後、画面上の「ウィンドウ」➡「ワークスペース」➡「新規ワークスペースとして保存」を選択して保存します。

　また、既存のワークスペースを変更して保存したい場合は、「このワ

ークスペースへの変更を保存」を選択すると上書き保存できます。

● ワークスペースの保存

ワークスペースの組み合わせ方は人によって様々です。編集スキルを学びながら、自分に合うワークスペースを探してみてください。

4 ツールバー（ツールパネル）のツールを覚えよう

　Premiere Pro の操作で重要なのがツールバー（ツールパネル）です。ここではツールバーにあるツールを分かりやすく解説します。

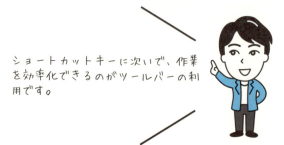

● ツールバー（ツールパネル）※例はMac版

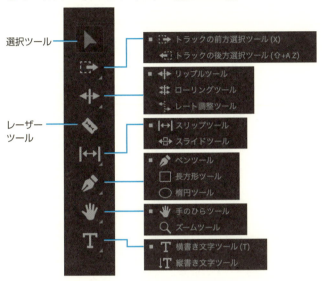

　ツールバー上の1つのアイコンに複数のツールが収納されている場合、アイコンの右下に三角マークが表示されています。アイコン上で長押しすることで隠れたツールに切り替えることができます。ツール名の右横の（V）や（A）などはキーボードショートカットキーのことです。

ツール名称	機能
選択ツール	クリップを選択するときに使います。
トラックの前方選択ツール	トラックの前方のクリップをまとめて選択したいときに使用します。前方のクリップとは、タイムライン上で選択したクリップの右側にあるクリップを指します。
トラックの後方選択ツール	トラックの後方のクリップをまとめて選択したいときに使用します。後方のクリップとは、タイムライン上で選択したクリップの左側にあるクリップを指します。
リップルツール	2つの動画の間に空白を作らず、または空白の長さを維持したままクリップの長さを変えることができます。
ローリングツール	2つのクリップの合計デュレーションを維持したまま、一方のクリップのインポイントともう一方のクリップのアウトポイントを同時にトリミングします。ローリングツールで編集ポイントをクリックすると、編集ポイントの両方の側が選択されます。

ツール名称	機能
レート調整ツール	クリップの再生スピードを調整したい時に使うツールです。レート調整ツールを選択した状態でクリップの長さを変更すると再生スピードの変更ができます。
レーザーツール	クリップをカットして分割するときに使用します。
スリップツール	クリップの長さやシーケンス上でのインポイント・アウトポイントのタイミングを変えずに、使用するシーンのみをずらして変更できます。
スライドツール	タイムライン上で選択クリップを移動して調整するときに使うツールです。選択したクリップの移動にあわせてその前後のクリップが連動して長さが変更されるので注意が必要です。
ペンツール	クリップやテロップなどの透明度を調整するときに使用します。
長方形ツール	長方形を描画できます。Shift キーを押しながらドラッグすると正方形を描くことができます。
楕円ツール	楕円を描画できます。Shift キーを押しながらドラッグすると正円を描くことができます。
手のひらツール	タイムラインの位置調整をするときに使用します。タイムラインをドラッグ & ドロップして移動させます。
ズームツール	タイムラインでクリップの拡大表示ができます。Macは Option キー、Windowsは Alt キーを押しながらクリックすると縮小表示にできます。
横書き文字ツール	テロップ（タイトル）など、文字を横書きに入力するときに使用します。
縦書き文字ツール	テロップ（タイトル）など、文字を縦書きに入力するときに使用します。

5 Premiere Proのメニュー

　画面上部に表示されているのは、Premiere Pro の各**メニュー**です。

　Premiere Pro には「**ファイル**」「**編集**」「**クリップ**」「**シーケンス**」「**マーカー**」「**グラフィックとタイトル**」「**表示**」「**ウィンドウ**」「**ヘルプ**」等のメニューがあります（Mac版には「Premiere Pro」メニューもあります。「Premiere Pro」メニューにはMacのOSの機能に由来す

る項目が多く含まれます。それ以外の例えば「Premiere Proを終了」などの項目は、Windows版では「ファイル」メニューに格納されています)。各メニューは項目をクリックするとプルダウンメニューが表示され、そこから項目を選択することで様々な操作を行います。

● Premiere Proのメニュー

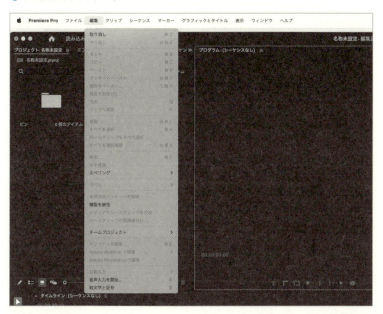

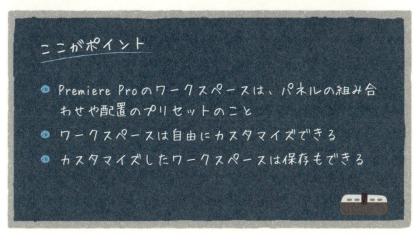

ここがポイント

- Premiere Proのワークスペースは、パネルの組み合わせや配置のプリセットのこと
- ワークスペースは自由にカスタマイズできる
- カスタマイズしたワークスペースは保存もできる

04 Premiere Proに動画を読み込んでみよう

動画を読み込んでみましょう。同様の手順で画像も読み込めます。

1　2パターンの動画読み込み方法

　動画などの素材の読み込み方法は2パターンあります。両パターン試してみて、好きな方法で素材を読み込めるようにしましょう。

① 「ファイル」メニューから「読み込み」➡挿入する素材を選択する
② プロジェクトファイルに素材をドラッグ＆ドロップする

● 動画の読み込み方法①

● **動画の読み込み方法②**

　素材が増えた場合は「**ビン**」と呼ばれる機能でまとめることが可能です。ビンはフォルダのようなものです。

　ビンの作成方法も次の2パターンあります。

> ① **プロジェクトファイル上で右クリックして「ビン」を選択する**
> ② **プロジェクトファイルの右下の「ビン」マークをクリックする**

　素材をまとめて見やすくすることで、作業効率UPを目指しましょう！

ビンは、素材をまとめられるフォルダのような機能です。ビンの中にビンを作成することもできます。

2　素材を編集できる状態にする

　素材動画を読み込んだら、その素材を編集できる状態にします。読み込んだ素材動画を「**タイムラインパネル**」にドラッグ＆ドロップしてください。
　編集操作はこのタイムラインパネルで行います。

　編集作業の流れが分かってきましたでしょうか。次は保存方法と、書き出し方法について解説していきます！

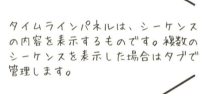

タイムラインパネルは、シーケンスの内容を表示するものです。複数のシーケンスを表示した場合はタブで管理します。

ここがポイント

- 素材動画の取り込み方は2パターンある
- 取り込んだ素材はタイムラインパネルに追加して編集作業ができる状態にする

05 動画の保存と書き出しをしてみよう

ここでは実際に動画の保存と書き出しを行ってみましょう！　書き出しは、自分の編集した動画をきちんと形にする大切な作業です。しっかり覚えていきましょう！

1 動画を保存する

　編集した動画のデータを消さないように、きちんと保存できるようになりましょう！
　保存方法は2つあります。

---
① [command] + [S] キー入力（Macの場合）
　 [Ctrl] + [S] キー入力（Windowsの場合）
② 画面左上の「ファイル」メニューから「保存」を選択する

　メニューから保存するのもいいですが、お勧めはこまめに保存できる①の方法です。編集ソフトは処理が重くなりがちで、パソコンやアプリがフリーズしたり、アプリが落ちる（強制終了）こともあります。こまめに保存することを習慣化する意識を持ちましょう！

ショートカットキーでの保存は、パソコンで行うあらゆる作業の基本です。癖にしておきましょう。

2 動画を書き出す

「動画を書き出す」というのは、編集した動画をファイルに出力することです。

動画の書き出し方法はいくつかありますが、代表的な方法は次のとおりです。

> ① 書き出したい動画のシーケンスが選択されていることを確認
> ② 画面上部の「書き出し」メニューをクリック
> ③ ダイアログが表示されるので「ファイル名」、「場所」(出力先)、「プリセット」、「形式」など書き出すファイル形式を用途に応じて設定
> ④ 画面右下の「書き出し」ボタンをクリック

● 動画の書き出し方法

ここではYouTubeへアップロードする動画と仮定して、プリセット
を「YouTube 1080p HD」、形式を「H.264」、という形式で書き出して
みましょう！　うまく書き出せたでしょうか。

3　動画ファイルの種類

よく見る動画ファイルの種類を紹介します。

MP4（.mp4）

　MP4は高画質な動画形式で、現在広く利用されています。様々なア
プリケーションに対応しています。基本的にYouTubeにアップする動
画はMP4ファイルが主流です。

AVI（.avi）

　AVIはマイクロソフトが開発した動画形式です。主にWindows用
で利用されています。ストリーミング配信用途には不向きなため、
YouTube動画においては主流ではありません。

MOV（.mov）

　MOVはアップルの標準動画形式です。QuickTime用映像形式として
開発されました。iPhoneで何も設定をせずに撮影するとこの動画形式に
なります。

　YouTube動画編集においてはあまり主流ではありません。詳しい説
明は省きますが、何も設定をしていないクライアントがiPhoneで撮影
し、その素材を受け取ってPremiere Proに取り込むと、音ズレするこ
とが多いので注意が必要です。

4　動画素材はMP4ファイルでもらおう

　YouTube動画編集ではMP4が主流です。MP4は高画質なので、クライアントには「**MP4ファイルで素材を提供してください**」と伝えておけばトラブルを避けられます。

　詳しく知りたい人は動画のコーデックについて学習してみてください。しかし、前ページで説明したようなそれぞれの特徴を知っておけば問題はありません。

Premiere Proは他にMTS、WMVなど多くの動画形式に対応しています。FLVやアニメーションGIFも読み込めます。

ここがポイント

- ショートカットキーでの保存を習慣にしておこう
- 動画の保存方法を理解しよう
- 編集した動画の書き出し（動画ファイルへの出力）を学ぼう。YouTubeではMP4形式が主流

06 劇的に作業効率を向上するショートカットキー

ここではショートカットキーの設定を行ってみましょう！　最速の編集方法を早く身につけるためには、最初からショートカットキーを設定してクセをつけることが重要です！

1 ショートカットキーの設定の仕方

すべての操作をマウスを使ってメニューから選択する場合と比べて、**ショートカットキー**を利用すると劇的に作業効率を向上できます。ここではショートカットキーの設定方法を解説します。

ショートカットキーの設定は「Premiere Pro」メニュー➡「キーボードショートカット」を選択するとできます。あるいはMacなら option ＋ command ＋ K キー、Windowsなら Ctrl ＋ Alt ＋ K キーを入力すると、キーボードショートカットキーが出現します。

最初に、自分用のショートカットキーの設定名をつけて保存します。この時点では初期設定がコピーされた状態なので、オリジナルのショートカットキーを設定する前にデフォルトのショートカットキーを1つずつ消していきます。右側のキーボードは触らなくて大丈夫です！

残すものを次にまとめておきます。

Tab 「次の表示項目フィールド」

T 「横書き文字ツール」

G 「オーディオゲイン」

Backspace 「選択項目を削除」

M 「マーカーを選択」

V 「選択ツール」

　　　　（スペースキー）　「再生」「再生/停止」

2時限目　機材やソフトなどの事前準備

ショートカットキーの設定の仕方

「Premiere Pro」メニュー➡「キーボードショートカット」を選択します。キーボードショートカットの設定画面が表示されるので、最初に任意の設定名を入力します。

● キーボードレイアウトプリセットの新規作成

ショートカットキーの設定画面です。初期設定のショートカットキーから、不要なものを削除していきます。

● 初期設定のショートカットキー

次の状態まで削除します。

● 初期設定のショートカットキーをこの状態まで削除する

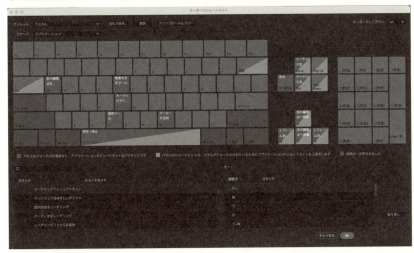

2　新しいショートカットキーの設定

　次に、ショートカットキーを追加していきます。今回は筆者のショートカットキーの設定を紹介します。

　新しく設定するショートカットキーは次の通りです。左端文字が割り当てるキーで、右側に設定方法を記述しています。

マーキング系

2　「ラベル」を検索 ➡ 「バイオレット」を選択 ➡ 2 を入力
3　「ラベル」を検索 ➡ 「アイリス」を選択 ➡ 3 を入力

カット系

- Q 「消去」を検索➡「消去」を選択➡ Q を入力
- W 「ネスト」を検索➡「ネスト」を選択➡ W を入力
- A 「編集点」を検索➡「前の編集点を再生ヘッドまでリップルトリミング」を選択➡ A を入力
- D 「編集点」を検索➡「次の編集点を再生ヘッドまでリップルトリミング」を選択➡ D を入力
- S 「編集点」を検索➡「編集点を追加」を選択➡ S を入力
- F 「リップル削除」を検索➡「リップル削除」を選択➡ F を入力

パネル系

- Z 「トラック」を検索➡「トラックの後方選択ツール」を選択➡ Z を入力
- X 「トラック」を検索➡「トラックの前方選択ツール」を選択➡ X を入力
- C 「シャトル」を検索➡「右へシャトル」を選択➡ C を入力

これらのショートカットを1つずつ設定していきます。

● ショートカットの設定

次の状態になったら完了です。

● ショートカットキーの設定完了

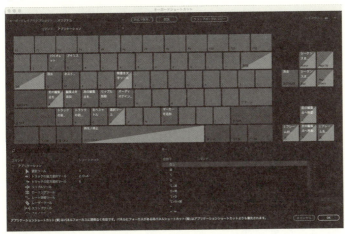

3　ショートカットキーの保存

　最後に設定したショートカットキーを保存しましょう。
　「キーボードレイアウトプリセット」から自分の設定したプリセット名を選択し、右下の「OK」ボタンをクリックすれば保存完了です。プリセットを登録しておくことで変更も可能です。
　ショートカットキーを使いこなすことで作業効率が変わってくるので、ぜひ活用してみてください！

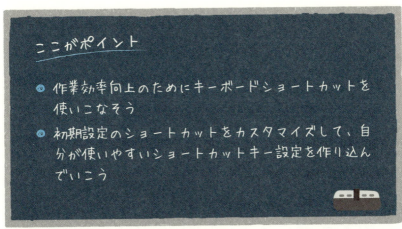

2時限目　機材やソフトなどの事前準備

ショート動画サービス「YouTube shorts」の可能性

　YouTube で、再生時間の短い縦動画を見かけることはありませんか。ここでは「YouTube shorts」について紹介していきます！

YouTube shorts とは

　YouTube shorts は一般的にショート動画と呼ばれており、最大 60 秒までの縦型の動画を投稿・閲覧できる YouTube の新しいサービスです。

　ショート用に投稿された動画は、YouTube アプリの「ショート」タブで視聴可能です。

　YouTube shorts の特徴は、スマートフォンの画面全体に動画が表示され、指で上にスワイプすることで次の動画へとすぐに切り替わることです。従来の YouTube 動画では、ユーザーは動画のサムネイルを見て、興味のある動画をタップ・クリックし再生していました。一方、YouTube ショート動画には自動再生機能があり、興味のない動画はすぐにスキップできます。

YouTube shorts に取り組むメリット

　YouTube shorts に取り組むメリットは大きく分けて次の 2 つあります。

> 1. チャンネル登録者数が伸びやすい
> 2. 投稿が簡単

　YouTube のショート動画は不特定多数のユーザーにリーチ（露出）します。結果として動画やチャンネルを知ってもらう機会が以前より増え、チャンネル登録者数も伸びやすくなっていきます。

　さらに、YouTube ショート動画は最大 60 秒と短く、難しい編集なしで気軽に投稿できます。TikTok など同じショート動画サービスに投稿している動画がある場合は、それを使い回しすることも可能です。

3時限目 動画をカットしてみよう

カットは動画編集の第一歩です。素材の不要な箇所をカットして必要な部分だけを残す作業ができるようになりましょう。

01 動画編集の第一歩、カットの基本操作

3時限目では、カットについて基本的な部分から解説していきます。ぜひ手を動かしながら読み進めてください。

1 カットに使う2つのツール

編集作業を行う際は、ツールバーからツールを選択し、作業を進めていきます。

カット編集では基本的に2つのツールを使います。

● ツールバー

❶選択ツール（V）
クリップを選択するときに使用
❷レーザーツール（C）
クリップをカットして分割するときに使用

それぞれのツールは、ツールバーのアイコンをクリックするとマウスポインタの形が変わるので、試してみてください。

また、次のショートカットも頻繁に使用します。

操作を1つ戻る	command + Z キー（Mac）
	Ctrl + Z キー（Windows）
やり直し	command + Sift + Z キー（Mac）
	Ctrl + Sift + Z キー（Windows）

慣れない間はよく使う操作になると思うので、きちんと押さえておきましょう！

2 動画をカットする手順

　実際のカット作業に入っていきます。動画をカットする手順は次の通りです。

① タイムライン上にある動画を選択
② 選択ツールでカットする範囲を決める
③ レーザーツールを選択し、時間インジケーターのラインの上に合わせてクリックする
④ 分割した動画（いらない方）を選択し、削除する

　このカット作業を繰り返すことでYouTubeやテレビのような見やすい動画が完成します！

● 動画のカット方法

3　空白部分をなくす（リップル削除）

　先ほどの動画カットをしたことで、タイムライン上の前方に余白ができているはずです。このスペースをなくすためには次の2つの方法があります。

> ① 分割した動画（残った方）をクリックして前方まで移動させる
> ② 消した動画スペースを右クリックして「リップル削除」をする

　方法としてはこの2つがありますが、実際の編集では②の方法を使うことを推奨します。

● リップル削除を行い、空白部分をなくす

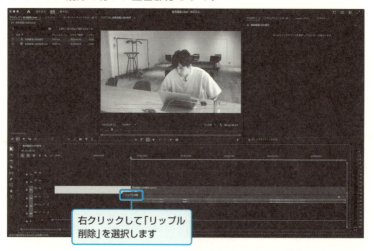

右クリックして「リップル削除」を選択します

ショートカットを用いた動画カット方法は次節で解説します。

クリップとクリップの間に生じた空白を詰める（カット）作業がリップル削除（リップルトリミング）です。

ここがポイント

- 動画をカットするには選択ツールとレーザーツールを用いる
- カットしたら空白部分ができる
- 動画の空白部分の消去にはリップル削除を用いる

3時限目 動画をカットしてみよう

02 ショートカットを用いた高速カット

ショートカットキーを用いてカット編集の効率をあげていきます。慣れると時短に繋がるので、ショートカットキーの使い方を学びましょう。

1 ショートカットキーを覚えるコツ

　ここでは、カットをする際に使えるショートカットキーを２つ紹介していきます！

　ショートカットキーは「Premiere Pro」メニュー➡「キーボードショートカット」を選択すると確認できます。

　編集の勉強を始めた当初はショートカットキーが分からなくなってしまう場面も多いでしょう。その場合は、ショートカットキーをすぐに見られるようにプリントアウトしておくと便利です。

● ショートカットキー

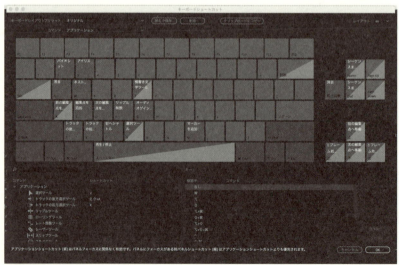

2　カットのショートカットキー①

　まずカットのショートカットを使う際は、「編集点」を基準として編集をしていきます。編集点は S キーを押すと追加できます。
　「 A 」「 D 」のショートカットキー は、基本的に役割は同じです。 A のショートカットキーは、再生ヘッド（現在再生している地点）より前に設定した編集点と再生ヘッドの間を削除してリップルトリミングします。
　リップルトリミング（リップル削除）は「自動的に間を詰めてくれる」ことです。

● カットのショートカットキー「A」

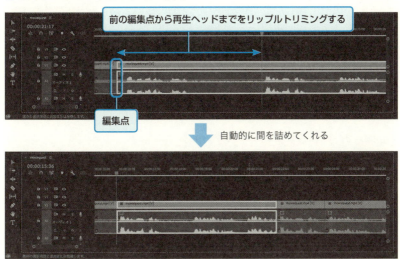

　ちなみに、カットと削除のみだとスペースが空いてしまいます。

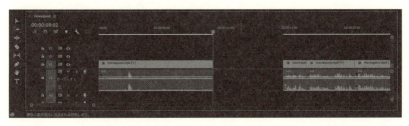

Dのショートカットキーは、再生ヘッドより後に設定した編集点と再生ヘッドの間を削除してリップルトリミングします。

● カットのショートカットキー「D」

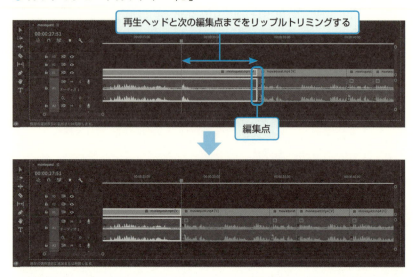

3　カットのショートカットキー②

　編集をしていると「編集点と編集点の間で、もう全部いらないからカットしたい」と思う箇所が出てきます。その場合は「F」のショートカットキーを使います。

　該当箇所を編集点で囲います。そしてFのショートカットキーを使うと、編集点で囲まれた範囲を削除し、自動的に間をつめて（リップルトリミング）くれます。

● ショートカットキー「F」では編集点と編集点の間をリップル削除する

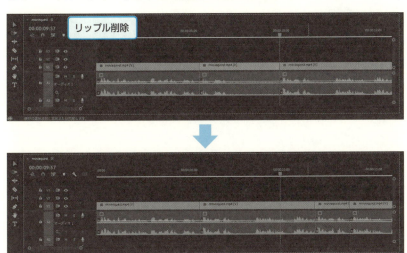

実際にキーボードを触りながら覚えることを推奨します。今回紹介した A D F キーはそれぞれ近い場所にあるキーなので、感覚的に覚えて作業効率をあげていきましょう！

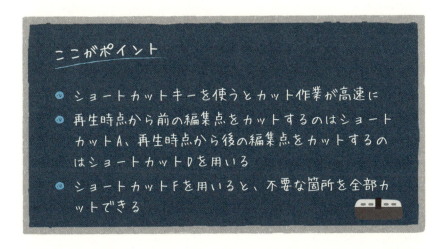

ここがポイント

- ショートカットキーを使うとカット作業が高速に
- 再生時点から前の編集点をカットするのはショートカットA、再生時点から後の編集点をカットするのはショートカットDを用いる
- ショートカットFを用いると、不要な箇所を全部カットできる

03 YouTube動画におけるカットのポイント

カット方法を学んだら、次はYouTube動画において視聴者が不快にならないためのカットのポイント、動画を面白くする編集方法を解説していきます。重要な話なのできちんと押さえていきましょう！

1 波形を見て編集する

ここでは「音の波形を見て動画をカットする」方法を学んでいきましょう。

次の手順で波形を確認していきます。

①音声波形を見て、音の波形を探す

この波を拡大して解説していきます。波の小さいところは音がなく、大きいところは喋っている部分です。それを考慮しつつカットしていきます。

②波を見ながら、発話者が話しているタイミングを見極めてカットする

　注意点は「波形の途中で切らない」ことです。波形の途中で切ると雑音が発生してしまいます。波形の途中で切ると分かるので、一度あえて試してみて、途中で切った動画を再生してみてください。

● 音の波形を見て、カットする

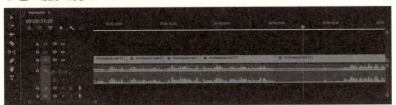

● NG例

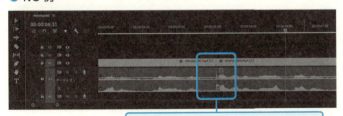

波形の途中で切ると雑音が発生するので注意

動画の途中で音声が中断すると、視聴者は不快に感じます。波形を見て上手くカットしましょう。

2　カット作業は「3周ペース」で

　動画をカットをする際は、大体3周ペースでカットするようにしてみてください。1周目では波形を見ながら大まかにカットします。2周目では余計な部分をカットします。3周目は仕上げという感じです。

> 1周目　波形を見ながら大まかにカットする
> 2周目　余分な部分をカットしていく
> 3周目　仕上げていく

● カット作業は3周で仕上げていく

①波形を見ながら大まかにカットする

　1周目は音の波形を確認しながら、明らかに波がない部分（無音）の箇所をカットしていきます。

②余分な部分をカットしていく

　2周目は実際に音声を聞きながら、より細かくカットしていきます。

言い直している部分やカットのタイミングに違和感があるところなど、なるべく細かくチェックしていきましょう。

③仕上げていく

3周目は動画にテンポをつけていきます。具体的には「意図的に余分なシーンを残す」「喋っている途中でカットする」などの方法があります。

喋っている途中でカットする方法はテレビの演出でもよく見かけますよね。これは視聴者が飽きないようにするための工夫の1つで、音楽のリズムのようなものをイメージしてみてください。テンポ感を意識することは難しいとは思いますが、他のYouTube動画を参考に感覚を掴んでいきましょう！

3 カットで使えるショートカットキーなど

カット編集の際に使えるショートカットキーなどを解説していきます。慣れてくると便利なので一通り試してみてください。

ショートカットキー C

右へシャトル（再生ヘッドの運転）します。動画を早送りでプレビューします。

ショートカットキー M

マーカーを追加します。マーカーをつけておくことで、「後で編集をするポイント」などを思い出しやすくします。

動画素材を選択して右クリックし、「ラベル」を選択してから色を選ぶ

動画素材の色を変更します。動画素材が増えた際に色分けができ、見分けやすいなど様々な使い方があります。

拡大／縮小

`Alt` （Macでは`Option`）キー＋マウスホイールで、画面の拡大縮小ができます。これはカット編集作業のみで利用するショートカットではありませんが、覚えておくと便利です。

4　動画を見やすくするジェットカット

　YouTube動画を見やすくするための**「ジェットカット」（ジャンプカット）**という手法があります。

　ジェットカットは、動画のテンポをよくするために会話の間などの不要箇所をカットする編集技法のことです。具体的には「えーと、あの、その、（無言）」などの間を削除することによって動画のテンポを維持します。

　また「場を活かすジェットカット」もあります。カットを入れない部分を作ることで、その場の雰囲気や間を活かすことができます。また、演者の個性として「えっと」などの部分を残すことで、バランスの良い仕上がりになります。

　シンプルで簡単な作業ですが、このジェットカットを繰り返していくことにより、動画の聞き取りやすさが大幅に変わるので、ぜひトライしてみてください！

ここがポイント

- 波形を見てカットすることで、ノイズを抑えられる
- 動画のカットは3周を目処に作業する
- カットの際にショートカットキーを使える
- ジェットカットを活用するとテンポのいい動画を作れる

4時限目 テロップ（字幕）を入れてみよう

ここでは動画にテロップを入れるための基本と、テロップに付けられる様々なアニメーション効果について解説します。

01 テロップ(字幕)の2つの種類

ここでは動画にテロップ(字幕)を入れるための準備をしていきます。具体的には、フォントの追加からテロップの種類までを解説していきます。

1 フォントの追加

まず、ソフトに**フォント**(文字)を追加していきましょう。Premiere Proの初期設定(デフォルト)のままでは使用できるフォントが少ないので、最初にフォントを増やします。

ここでは無料のAdobeフォントと、フリーのフォントサイトをいくつか紹介します。

テロップで使える文字の種類を増やすために、フォントを追加しましょう。フリーで使えるフォントがたくさんあります。

①Adobeフォントの追加

「**Adobeフォント**」でWeb検索して、Adobeが提供するフォントのページ (https://fonts.adobe.com/) にWebブラウザでアクセスしてください。ログインすると様々なフォントが項目別に並んでいます。ここでは、画面上部から「**フォントパック**」を選択します。

一覧に表示されたフォントパックから、追加したいフォントパックの「パックを表示」をクリックします。表示されたフォントパックの詳

細ページ右側にあるスイッチをアクティブにすることで、ソフトにフォントを導入できます。

　多くのフォントが提供されており、1つずつアクティベートできます。

● Adobeフォントの追加

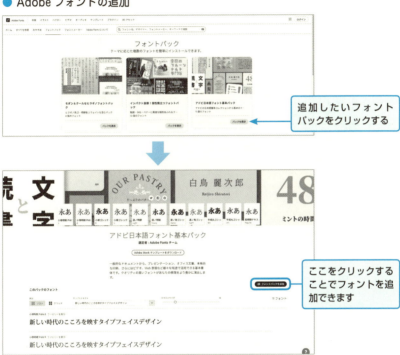

②フリーのフォントサイトからの追加

　フォントには有料・無料のものがあります。ここでは、基本的に無料で利用できるフォントのサイトを3つ紹介します。

- ・FONT FREE（https://fontfree.me/）
- ・FREE フォント ケンサク（https://cute-freefont.flop.jp/）
- ・Typing Art（https://typingart.net/）

実際に **Font Free**（https://fontfree.me/）からフォントを導入してみましょう。

Font Freeで、追加したいフォントを探します。フォントが決まったら「配布サイトでダウンロード」をクリックします。

● 配布サイトでダウンロード

配布サイトにアクセスします。「FREE DOWNLOAD」をクリックしてフォントファイルをダウンロードします。

● フォントファイルのダウンロード

ダウンロードしたフォントのアーカイブファイルを展開して、中に含まれるフォントファイル（例では.ttfファイル）をインストールしま

す。

　Macの場合、フォントファイルをダブルクリックするとFont Bookが起動します。「インストール」ボタンをクリックするとフォントをインストールできます。

● Font Bookでのフォントインストール（Macの場合）

　またMacの場合、このFont Bookでパソコンにどのフォントが入っているかも確認できます。
　Windowsの場合は、ダウンロードしたフォントのアーカイブファイルを展開して、中に含まれるフォントファイル（例では.ttfファイル）をダブルクリックしてフォントのウィンドウを表示します。ウィンドウ左上の「インストール」をクリックするとフォントをインストールできます。

● フォントファイルを表示してインストールする（Windows の場合）

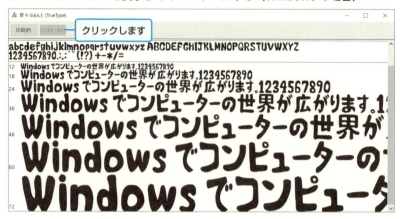

あるいは、フォントファイル上でマウスを右クリックして表示されるメニューから「インストール」を選択してもフォントのインストールが可能です。なお、Windows 全ユーザーがこのフォントを利用できるようにする場合は「すべてのユーザーに対してインストール」を選択します。

● 右クリックして表示されるメニューからインストール（Windows の場合）

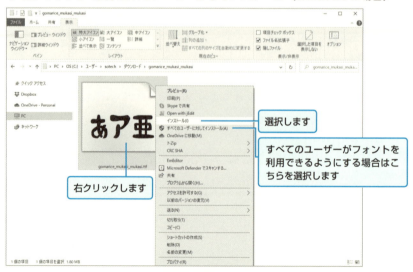

なお、インストールしたフォントは、Windowsキーを押して表示されるメニューから「設定」➡「個人用設定」を選択して表示される画面の「フォント」で確認できます。

● インストール済みのフォントを確認（Windowsの場合）

　フォントの追加が完了したら、Premiere Proにフォントが導入されているか確認をしてみましょう。
　Premiere Proのツールバーで文字ツール🆃を選択します。プログラムパネルで適当な文字（画面では「あいう」）を入力します。
　「プロパティ」の「テキスト」で、フォント変更ができます。ここで表示されるフォントに、先ほど追加したフォントがあるのを確認してください。

● フォントの確認

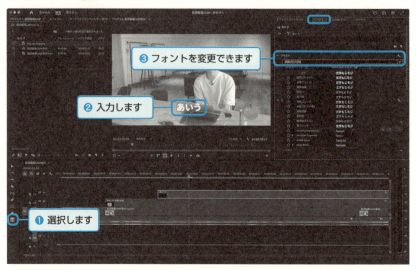

　フォントによって動画のテイストが大きく変わります。動画の内容に合ったフォントを使えるようになりましょう。

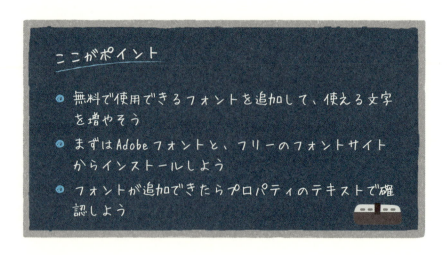

02 プロパティを用いた テロップ

Premiere Proでテロップを作成するには「プロパティ」を使用します。プロパティは、使いやすいモーション・テキスト編集機能です。ここでは、プロパティを用いたテロップ挿入の方法を紹介していきます。

1 プロパティ

プロパティとは、モーションやテキスト編集するときに使う機能です。

プロパティは「ウィンドウ」メニューから「プロパティ」を選択することで利用できます。

文字は横書き、縦書きを選択可能です。

プロパティの簡単な使い方を勉強していきましょう。

プロパティはショートカットキー T に設定されています。あるいは、ツールバー（ツールパネル）の T を選択し、動画内でクリックして文字を選べます。

プロパティは、使いやすくデザイン自由度も高い文字ツールです。

● プロパティの利用

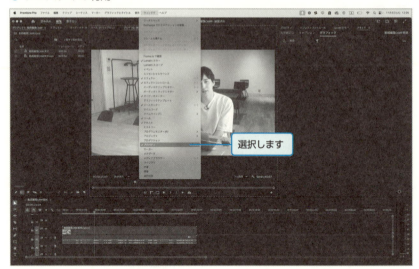

文字の大きさを変更する

　プロパティの文字の大きさを変更する方法は次の2つがあります。どちらも覚えておいて、好きな方法を使うようにしましょう。

① 「選択ツール」をクリックし、画面上のテキストをドラッグする
② スライドバーを左右に移動して大きさを変更する

● 文字の大きさを変更する

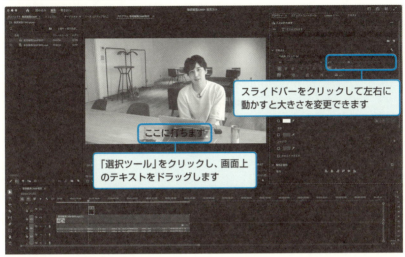

フォントの種類を変更する

　「テキスト」欄の右端にある下向き矢印■をクリックするとフォントの一覧が表示されます。
　☆マークをつけることで、お気に入りのフォントをピックアップすることができます。また、アドビフォントのマークからフォントを追加することも可能です。

● フォントの種類を変更する

2　アピアランスの編集

「**アピアランス**」とは、文字に装飾（フォントの色を変更する、縁取りを追加するなど）する機能のことです。

Premiere Proのアピアランスは「塗り」「境界線」「背景」「シャドウ」「テキストでマスク」の5つがあります。それぞれ具体的に解説していきます！

①塗り

「塗り」ではフォントのカラーを変更することができます。

> ❶「塗り」をクリックします
> ❷ カラーを選択する画面が表示されます
> ❸ 変更したい色を選択します
> ❹「OK」ボタンをクリックします

● 塗り

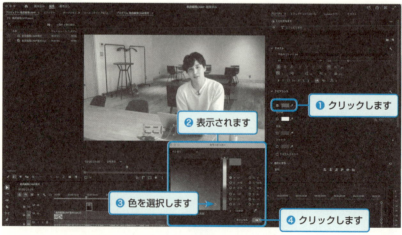

②境界線

　文字の縁取りができます。「境界線」にチェックを入れ、数値をドラッグして、縁（線）の太さを変更できます。

● 境界線

③背景

「背景」にチェックを入れると、テキストの下に「座布団」と言われる背景を入れることができます。

また、背景をクリックすると背景の色を変更できます。

● 背景

④シャドウ

「シャドウ」にチェックを入れると、文字に影を付けることができます。

また、シャドウの角度等を調整することができます。

● シャドウ

⑤テキストでマスク

「テキストでマスク」にチェックを入れると、テキストの部分を切り抜く効果をつけることができます。

● テキストでマスク

これらの機能を使って、プロパティのテロップを装飾できます。

3　整列と変形

「**整列と変形**」では、テキストの位置の調整（右揃え、中央揃え、左揃えや上下位置等）や文字の不透明度の調整をすることができます。

● 整列と変形

自動的に文字の配置を整えてくれる便利な機能ですので、ぜひ活用してください。

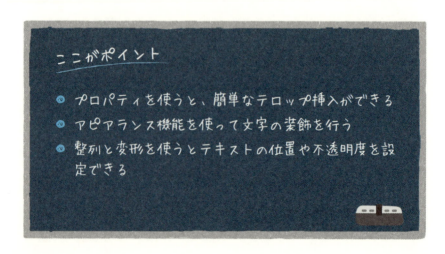

03 テロップに基本的なアニメーションをつけよう

ここでは動画編集の基本であるテロップに簡単なアニメーションをつける方法を解説していきます！

1 テキストに使えるエフェクト

様々なエフェクトを使って、テロップにアニメーションをつけていきましょう！

テロップにアニメーション効果をつけるのには「エフェクト」機能を用います。

「エフェクト」パネルを開き、エフェクトモニターの中から使いたいエフェクトを検索すると、すぐに見つけることができます。

エフェクトの追加後に、エフェクトを追加したクリップを選択した状態で「エフェクトコントロール」モニターを見ると、追加したエフェクトを確認することができます。

● エフェクトの使い方

ここでは次の4つのエフェクトを紹介していきます。

・クロスディゾルブ
・波形ワープ
・トランスフォーム／ガウス
・クロップ

2　クロスディゾルブ・波形ワープ

クロスディゾルブ

「**クロスディゾルブ**」はフェードイン・フェードアウトの際に使いやすいアニメーションです。

優しくテロップを表示したり消したりできるため、どんな場面でも利用しやすいです。

● クロスディゾルブ

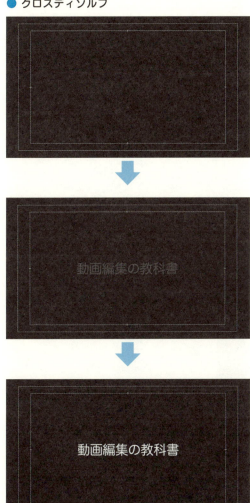

波形ワープ

「**波形ワープ**」はテキストを揺らすアニメーションです。

波のようにテキストを揺らすことができ、細かい設定を施すことで波の大きさや高さを変えられます。

次ページ下の写真のような波は、次のように値を設定しています。

値を変化させて様々な波を表現してみてください！

- 波形の種類：サイン
- 波形の高さ：10
- 波形の幅：100
- 方向：90°
- 波形の速度：1
- 固定：なし
- フェーズ：0
- アンチエイリアス：低

● 波形ワープ

3　トランスフォーム／ガウス

「トランスフォーム／ガウス」もフェードイン・フェードアウトのシーンによく使われます。クロスディゾルブとの使い分けとしては、クロスディゾルブは画面全体に、トランスフォーム／ガウスはテキストに適用することが多いです。

実際に文字が動いているような臨場感を出す場面では「ガウス」の併用が効果的です。

● トランスフォーム／ガウス

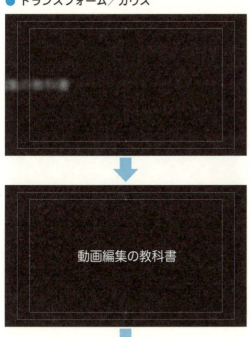

　「トランスフォーム」は、自分が動かしたいようにキーフレームを1つずつ設定します（これで文字が動きます）。

　イーズイン／イーズアウトを設定することで、文字の動きがカクカクせず滑らかに動くようになります！　動きの最初がイーズイン、動きの最後がイーズアウトです。

● イーズイン／イーズアウトの設定

　次に、文字が動いているように見せるために「ブラー」のエフェクトを設定していきます。

　テキストが動く間に、次ページを参考に設定してみてください。

- ブラーの値：好みの数値を設定
- ブラーの方向：動く方向に合わせて設定
  （横に動くなら水平、縦なら垂直）

● 「ブラー」のエフェクト設定

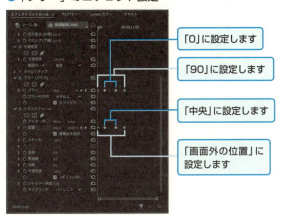

4　クロップ

クロップとは、映像を切り取ってトリミングする機能です。

クロップを用いると、複数映像を自由に配置したり、ゲーム実況や解説動画の**ワイプ**を簡単に作ることができます。

クロップの項目には上下左右があり、それぞれのバーを調整することで、切り取り範囲を設定できます。

● 画面のクロップ

クロップが適用されている範囲を理解しやすくするため、上の値の状態で下のレイヤーに写真を挿入したものが次の画像です。

● クロップで切り取られた範囲がわかる

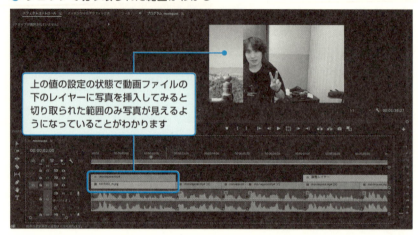

　解説動画のワイプを作る際は、次のような手順で行います。
　ワイプを入れたい映像を選択した状態で、四角マークのマスクをクリックし、切り取りたい範囲をドラッグで選択します。

● ワイプを作成する

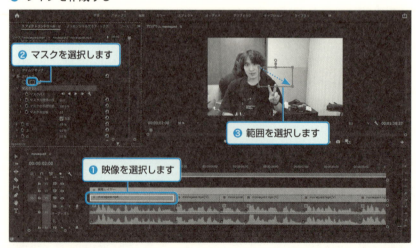

数値を次のように設定（例では「マスクの拡張」を89.0、「左」100%など）し、下のレイヤーに他の映像または画像を配置します（今回は清水寺の風景を使用しています）。

これでワイプが使われている映像の完成です！

● ワイプの完成

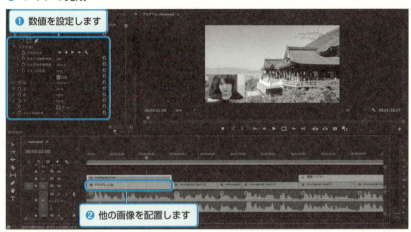

今回はテロップに簡単にアニメーションをつける4つの方法を学習しました！　エフェクトを使うだけでテロップを効果的に見せることが可能なので、ぜひ試してみてください！

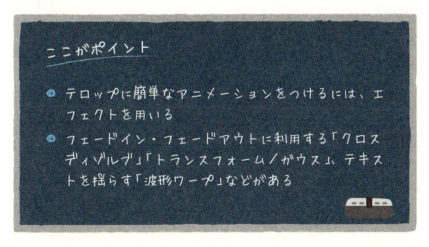

04 テロップに自由なアニメーションをつけよう

前節に引き続き、動画編集の基本であるテロップにアニメーションをつける方法を解説していきます。今回は「**キーフレーム**」を使ったアニメーションのつけ方を紹介します！

1 だんだん大きくなるアニメーション

　テロップに、だんだん大きくなるアニメーションをつけましょう。エフェクトの「**スケール**」を使います。
　ちなみに、スケールの数値を大きくしても、テロップの大きさが変化するだけでアニメーションにはなりません。

● スケールの数値を変更してもテロップが大きくなるだけ

テロップが大きくなるだけで、アニメーションにはならない

キーフレームを打つ

だんだん大きくなるアニメーションを設定するには、「スケール」横のタイマー（ストップウォッチ）のマーク◎をクリックして有効にします。クリックすると三角マーク◆が表示されます。

これを「**キーフレーム**」と呼びます。

● スケールのキーフレームを有効にする

スケールのキーフレームを有効にすることで、◆部分に「スケール100」の状態が記録されたことになります。キーフレームをつけた3秒後にキーフレームを押し、スケールの値を110に変更します。

これで、その3秒間の間に100➡110に巨大化するというアニメーションが完成します！

● 3秒間で 100 から 110 に拡大するアニメーションの設定

　また、キーフレームの位置は動かせます。文字の最初から最後まで移動させたい場合は、キーフレームの位置を両端にしておくと全体のアニメーションになります。

文字を大きくし、再び小さくするアニメーション

　文字を大きくした後に再び小さくするアニメーションを設定しましょう。任意の値（ここでは90としました）にキーフレームを打つと、一度大きくなって小さくなるアニメーションをつけることが可能です。

　このキーフレームの使い方は他のエフェクトでも同じです。また、同じAdobeのAfter Effectsでも同じ要領でアニメーションをつけていくので頭に入れておきましょう！

　最後に、この状態だと文字が下に行き見切れてしまっているので、アンカーポイントの位置を変更していきます。

　アニメーションはアンカーポイントを中心に動いていくため、スケールを小さくしていくと、このアンカーポイントに集約するようになっ

ています。

　今回は下から上へ文字が出てくるアニメーションにしたいので、テキストの下へアンカーポイントの位置をずらしていけば完成です！

● アンカーポイントの設定

● 文字を大きくし、再び小さくするアニメーション

2　スライドするアニメーション

スライドするアニメーションについて解説します。

「エフェクト」パネルの「スライド」を選択して、テロップの左端に挿入してください。

デフォルト設定では出現タイミングが少し遅いので、半分程度の長さにしましょう。

スライドは、動画の話が切り替わるときに入れると効果的です！

●スライドするアニメーション

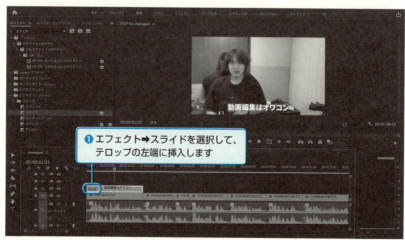

❷ 半分くらいの長さに調整します

3　下から登場するアニメーション

　続いて、下から登場するアニメーションを作成します。こちらもキーフレームを使います。
　まず位置のキーフレームを打って、いったん下側に配置してください。

● 下から登場するアニメーションの作成

　もう一度キーフレームを打ち、そのまま下側にテロップを動かします。数字はX軸、Y軸に対応しており、上下に動かす際はY軸を動かし

ます。

● テロップを下に動かす

　一度通して再生してみると、文字が下から登場するアニメーションができていることがわかります。このままではスピードが遅いので、後ろのキーフレームを移動させて調整しましょう。

● キーフレームを移動させて調整する

　さらに少しクオリティを高くした、テキストが弾むような動きをつけることも可能です。
　いま加えた2つのアニメーションの間に、デフォルトより少し上の位置でキーフレームを打ちます。そうすることで、より複雑な弾むようなアニメーションができます。

● 文字が弾むような動きをする設定

4　震えるアニメーション

テロップに震えるアニメーションをつけましょう。とても地道な作業ですが、これも位置のキーフレームを使用します。

① デフォルトの位置でキーフレームを押す
② デフォルトの位置でキーフレームを押し、それより少し左や上にキーフレームの値を動かす
③ ①と②を繰り返す

● 震えるアニメーション

今回は小刻みなアニメーションにしたいので、キーフレームの位置をなるべく近づけてください。

● キーフレームの位置を近づけることで小刻みな動きに

何個か作ったら、このキーフレーム全体を選択して（選択するとキーフレームが白色から青色に変化します）コピー&ペーストして複製します。これを繰り返します。

● 文字が震えているように動く

今回配布している動画はビジネス風動画なので、このような演出をすることはまずありません。しかし、エンタメ系の動画編集ではよく使うので覚えておきましょう！

5 点滅するアニメーション

テロップに点滅するアニメーションをつけましょう。
「エフェクト」パネルで「ストロボ」と検索します。
「ビデオエフェクト」➡「スタイライズ」➡「ストロボ」を選択してテロップに挿入してください。

● ストロボをテロップに挿入

ここでは次の値に設定してみてください。

元の画像とブレンド	90
ストロボデュレーション	0.15
ストロボ間隔	0.20

● ストロボを点滅する設定

ストロボは、チカチカしすぎると見にくく目にも負担になるので、加減して設定しましょう。
　テレビ番組のテロップでもストロボが使われています。注意して見つけてみてください。

　今回はキーフレームを活用したアニメーションの作り方を解説しました。慣れたら組み合わせてより高度なアニメーションを作ることもできるので、ぜひ試してみてください！

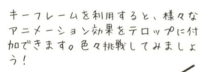

ここがポイント

- テロップにアニメーションをつけるには、キーフレームを用いる方法もある
- 徐々に大きくなる、スライドする、画面下から上がってくる、震える、点滅するなど、様々なアニメーションをつけられる

05 YouTube動画における テロップのポイント

YouTube動画にテロップを入れる際のポイントを詳しく解説していきます！　どれも大切なことなのできちんと押さえてください。

1　フォントの選択

フォント選択で守るべきことは大きく次の3つです。

①なるべく線が太いフォントを選ぶ

YouTubeは、スマホなどの小さい場面で見る場合も多いので、視聴者が見やすいように基本的に「太いフォント」を選びましょう！

同じフォントにも太さが違うものがあります。例えば無料で利用できる「源真ゴシック」には「ExtraLight」（極細）、「Normal」（普通）、「Bold」（太字）、「Heavy」（極太）などがあります。実際のフォントを見て、できるだけ太く見やすいフォントを選びましょう。

②シンプルなフォントを選ぶ

視聴者に内容をきちんと伝えるため、シンプルなフォントを選びましょう！　コメントや商品名などの説明系テロップは、特にシンプルなフォントを使うことを心がけましょう！

雰囲気を強調する場合はトリッキーなフォントにしましょう。ゲーム実況の動画やホラー動画にはトリッキーなフォントが多く使われているので参考にしてみてください！

③イメージに合うフォントを選ぶ

和文フォントは、大きく分けて「**明朝体**」と「**ゴシック体**」の2種類があります。明朝体は高級感を出したい、洗練された印象を重視したい場合に用います。一方ゴシック体は力強さを出したい、可読性（読み

やすさ）を重視したいときなどに用います。

それぞれの使い分けを覚えておきましょう！

> 明朝体 ➡ 高級感を出したい、洗練された印象を重視したい
> ゴシック体 ➡ 力強さを出したい、可読性を重視したい

● フォント

2　色と大きさ

　テロップの「色」と「大きさ」に関して、守るべきことは大きく分けて次の3つです。

①背景と差別化する

　テロップが背景と区別しづらいと、読みづらくなってしまいます。

　背景と差別化したテロップを作るためには「**コントラスト**」を意識することが重要です。コントラストとは明暗差、色彩差、輝度差、大きさなどのことを言います。すべての要素に差をつける必要はなく、背景とテロップの間に「差」をつけるように意識することが重要です。

● 背景とのコントラストで差別化する

● 文字枠をつけることで背景と差別化する

● 背景にベースをおき、ごちゃごちゃしている背景と差別化をはかる

⬇

②文字を大きさや色で差別化する

テロップの文章の中で特に強調したいキーワードがある場合、文字の大きさや色を変えることで差別化をすることが可能です。

● 強調部分の色を変え他の文字と差別化を計る

● 強調部分の大きさを変えて差別化を計る

③見やすい色を使う

　テロップの文字色に使う色で注意することは「見やすい色を使う」ということです。お勧めの方法は「**Adobe Color**」（https://color.adobe.com/ja/explore）を参照することです。

　また、どの色を使う際でも、一番彩度が高い色（鮮やかな色）は使わないようにしましょう。色によっては画面から浮いてしまったり、安っぽい色味に思われる恐れが高いためです。

● Adobe Color（https://color.adobe.com/ja/explore）

テロップのデザインや色合いは、視聴者が見やすいことを一番に考え、次に強調することを考えましょう。

3　Telop.site（テロップサイト）

　YouTubeでよく見る凝ったテロップを簡単に作れるサイトがあるので紹介します。「**Telop.site**」(http://telop.site/) というサイトで、このサイトからダウンロードしたテロップは商用利用も可能です。
　参考にして色々なテロップデザインを作成してみてください！

● Telop.site（http://telop.site/）

ここがポイント

- テロップで使用するフォントは、なるべく太く、シンプルなものを選ぶ。明朝やゴシックの使い分けも
- テロップの色と大きさは、背景との差別化を意識する
- 見やすい色を使う。Adobe Colorがお勧め

5時限目 画像を挿入してみよう

ここでは画像挿入の基本から、アニメーション効果設定などを解説します。フリーの画像サイトも紹介します。

01 画像挿入で動画を見やすく分かりやすくする

5時限目では、画像の挿入方法と画像にアニメーションをつける方法を解説していきます！　動画内に画像を入れることで、動画の見やすさ、分かりやすさが増していくのでぜひ参考にしてみてください！

1　画像挿入の3ステップ

動画への画像挿入は3ステップで行うことができます！

① プロジェクトパネルで画像ファイルを読み込む
② 読み込んだ画像をシーケンスに乗せる
③ 挿入した画像の大きさを調整する

　ここでは実際に画像挿入を行っていきましょう！
　今回は「かわいいフリー素材集 いらすとや」(https://www.irasutoya.com/) の「青りんごのイラスト」(https://www.irasutoya.com/2014/10/blog-post_718.html) を使用しています。

動画内のアクセントやワイプなど、動画に画像を挿入する機会はたくさんあります。挿入した画像にアニメーション効果もつけられます。

● 挿入する画像ファイルの入手

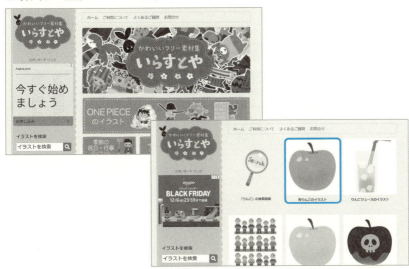

　プロジェクトパネルを用いて、挿入する画像ファイル（例では「fruit_ao_ringo.png」）をPremiere Proで読み込みます。次に、読み込んだ画像ファイルをドラッグ＆ドロップでシーケンスに乗せます。

● 挿入画像をシーケンスに乗せる

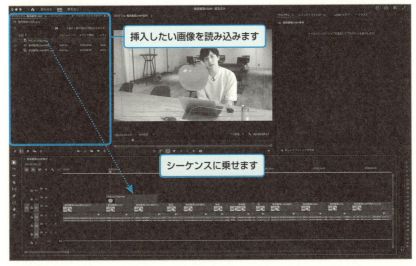

画像を挿入したら「エフェクトコントロール」パネルで挿入した画像のサイズと位置を調整します。

● 挿入した画像の大きさと位置を調整する

2　画像にアニメーションをつけよう

　画像挿入の方法を学んだら、次は画像にアニメーションをつける方法を学習していきましょう！

　画像の大きさや透明度の変更方法を説明した後、画像が画面の横からスライドして出現するアニメーションの作り方を解説します。

　画像は主に「位置」「スケール」「回転」「不透明度」の4項目を調整することで、サイズや位置の調整を行うことができます。

```
位置
スケール
回転
不透明度
```

また、それぞれにキーフレームを設定することで、アニメーションにすることも可能です。

● 挿入画像の基本設定

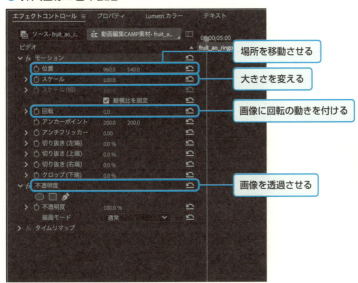

3 画像を画面横から出現させるアニメーション

画像を画面横から出現させるアニメーションを、次の7ステップで解説していきます！

① 画像を画面外に移動する
② ストップウォッチアイコン🕒をクリックする
③ 画像に最初の位置を記憶する
④ 画像を表示させたいタイミングを決める（10フレーム後に設定）
⑤ 画像を表示させたい位置に移動する
⑥ 画像の移動速度を調整する
⑦ 初速だけ早い「シュ！」という動きにする

まず、挿入した画像がそのままでは大きいため、画像の大きさを50に設定します。

● 挿入した画像を縮小する

挿入した画像を画面外（例では向かって右側の外）にドラッグ＆ドロップで移動させます。次に「エフェクトコントロール」パネルの「位置」のストップウォッチアイコン（◎）をクリックして有効にします。

● 挿入画像を画面外に移動して位置を記録する

マークがつくと、画像の位置を記録させたことになります。次に、キーフレームで10フレーム後に出現するように設定します。

● 10フレーム後に出現するように設定

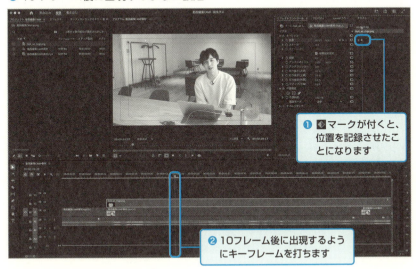

❶ マークが付くと、位置を記録させたことになります

❷ 10フレーム後に出現するようにキーフレームを打ちます

画像の移動速度を調整します。「位置」横の をクリックして速度調整グラフを表示します。

● 画像の移動速度を設定する

クリックします

速度調整グラフを表示します

速度調整グラフの◆をクリックして山型にして、初速だけ速くしてシュッとスライドして出現するように調整します。

● 動き出しを速く設定する

◆をクリックし、初速だけ速くシュッとスライドして出現しているように見せるため、山型にします

　同じ要領で、下からピュッと画像を出現させることも可能です！ぜひ試してみてください！！

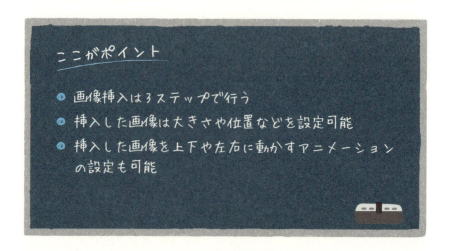

ここがポイント

- 画像挿入は3ステップで行う
- 挿入した画像は大きさや位置などを設定可能
- 挿入した画像を上下や左右に動かすアニメーションの設定も可能

02 おすすめの 画像素材サイト

おすすめの画像素材サイトを紹介します。最初に画像素材サイトを利用する際に確認してほしいポイントを解説しています。確認してから利用してください！

1 画像素材サイトを選ぶポイント

画像素材サイトを利用するにあたっては、画像のテイストがサイトにマッチするか以外にも、次のようなポイントを確認するようにしましょう！

- ・利用料（無料or有料）
- ・商用利用できるのか
- ・画像加工やダウンロード形式は選択できるのか
- ・その他利用規約

画像素材は、たとえ無料で公開されているものであっても、一般的に著作権は放棄されておらず、再配布や販売は禁じられている場合がほとんどです。

利用サイトごとに規約が定められているので、必ず確認してから使用するようにしましょう。

2 無料画像素材サイト

無料で商用利用可能な画像素材サイトを紹介していきます！　様々な種類の画像素材サイトがあります。

① PIXTA フリー素材(無料素材) (https://pixta.jp/free-items)

PIXTAは「品質の高さ」がウリで、素材のバリエーションも豊富です。利用には会員登録が必要です。

② かわいいフリー素材 いらすとや (https://www.irasutoya.com/)

すでにご存知の人も多いかと思います。「いらすとや」はどんなイラストでもある汎用性の高い素材サイトです。商用目的の場合、1つの作成物の中に20点まで無料という制限がありますので、使い過ぎに注意してください。

③ Shutterstock (https://www.shutterstock.com/ja/)

Shutterstockは豊富な素材が特徴です。扱う素材は10億点を突破しており、幅色い写真をダウンロードすることが可能です。

月10点まで無料で試せるプランがあります。

④ PhotoAC (https://www.photo-ac.com/)

PhotoACは「基本無料」のサイトです。しかし、1日のダウンロード枚数は最大9枚に限定されているので注意してください。

系列サイトに、無料のイラストを提供する「イラストAC」(https://www.ac-illust.com/) などもあり、ジャンルの違う画像をダウンロードできます。

⑤ Stock Snap io (https://stocksnap.io/)

Stock Snap ioは無料ですがセンスがよく美しい画像が多い写真素材サイトです。カテゴリーが細かく分かれたフォトストックで、欲しい画像をカテゴリーから探せます。

他にも様々な無料画像素材サイトがあるので、検索してお気に入り

のサイトを探してみてください。

3　有料画像素材サイト

　無料画像素材サイトで物足りない場合は、有料画像素材サイトを利用してみましょう。有料画像素材サイトでは、月額や年間プランなどに加入することで画像を利用できるようになっています。

　ここでは今まで紹介した以外のサイトからお勧めのものをピックアップしています。高品質な素材を制限なくダウンロードできるようになるので、使用頻度が高い人は利用してみてください！

① 123RF（https://jp.123rf.com/）

　123RFは日本語に対応した有料画像サイトで、日本の風景なども数多くあります。また日本人モデルの画像も揃っており、様々な場面で活用することができます。

② iStock（https://www.istockphoto.com/jp）

　iStockは海外の高品質な写真素材サイトです。写真、イラスト、ビデオ、オーディオのロイヤリティフリー素材を利用できます。

③ Getty Images （https://www.gettyimages.co.jp/）

　Getty Imagesは、テレビ・雑誌などのマスコミ関連でよく利用されている素材サイトです。クリエイティブ関連の素材に加え、ニュース、エンターテイメント、スポーツ、歴史関連の素材が充実しています。

● 画像素材サイト

無料サイト 　　　有料サイト

① PIXTA　　④ PhotoAC　　① 123RF

② いらすとや　　⑤ Stock Snap io　　② iStock

③ Shutterstock　　③ Getty Images

　今回は様々な画像素材サイトを紹介してきました。良い画像素材サイトを把握することで、動画のクオリティも上がります。ぜひ一度自分でも探してみてください！

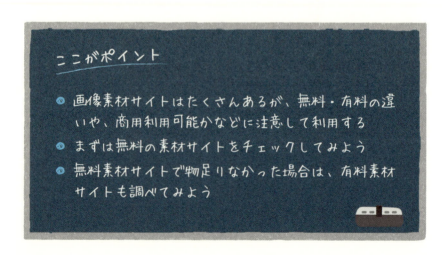

ここがポイント
- 画像素材サイトはたくさんあるが、無料・有料の違いや、商用利用可能かなどに注意して利用する
- まずは無料の素材サイトをチェックしてみよう
- 無料素材サイトで物足りなかった場合は、有料素材サイトも調べてみよう

6時限目 BGM・SEをつけよう

ここでは音声の基本からBGM・SEの挿入、音声ファイルの入手サイトの紹介などを行います。

01 音声挿入や音量調整など BGM・SEの基礎

BGM・SEの基礎について解説します！　YouTube動画で大切な音量バランスについても説明しているので、きちんと押さえていきましょう！

1　BGMやSEの挿入方法

　BGMやSEの挿入方法は、基本的に動画や画像の挿入方法と同じです。

　まず、事前に使用したいBGMやSEのファイルをダウンロードして用意しておきます（BGM・SEサイトからのダウンロード方法は次節で解説します）。

　挿入する音声ファイルが用意できたら、音声を挿入する動画のプロジェクトパネルを表示して、音声ファイルをシーケンスにドラッグ＆ドロップします。その後、素材の再配置や音量調整を行います（音量調整は次ページで解説）。

● BGM や SE の挿入

BGMやSEの適切な使い方

　一動画内で使用するBGMの数は、動画やジャンルによって異なります。Vlog（Video Blog）やビジネスチャンネルでは、動画全体に1つのBGMを挿入する場合が多く、エンタメ系などではシーンに合わせてBGMを変えることが多いです。

　SEの使い方としては、重要だと伝えたい部分や面白い場面などに挿入します。基本的にはテロップの編集点に合わせてSEを挿入するようにしましょう。前ページの写真ではA2にBGM、A3に効果音が挿入されています。

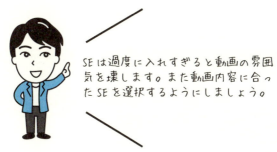

SEは過度に入れすぎると動画の雰囲気を壊します。また動画内容に合ったSEを選択するようにしましょう。

2　音声の基礎知識

　YouTube動画では「**音声バランス**」を整える必要があります。動画の素材によって音量がバラバラであったり、小さすぎて聞こえなかったりすることを防ぐためです。

　YouTubeを見ていて、動画の音が大きすぎて不快と感じたら、もうその動画は見ないですよね？

　そのようなことを防ぐためにも、音量調整は編集の大事な要素の1つです。気を引き締めて学習していきましょう！

3　音量調整の仕方①オーディオゲイン

　音量調整は「**オーディオゲイン**」で行います。オーディオゲインは、音声波形の上で右クリックして「オーディオゲイン」を選択することで表示されます。

　表示されたオーディオゲインの「ゲインの調整」欄に値を入力することで音量を調整できます。音量の単位は**dB**（**デシベル**）です。オーディオゲインを使うことで1dB単位で音量を調整することが可能です。例では、デフォルトより10dB上げて調整しています。

●オーディオゲインで音量調節をする

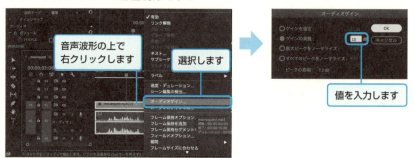

　ゲインの調整が反映されると、波形の囲み部分の色が灰色から黄色、緑色へ変化します。

●調整が反映された

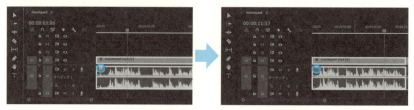

4　音量調整の仕方②リミッター

音量調整は、波形をできるだけ0dB部分に近づけることが大切なのですが、この線を超えてしまうと音割れが発生してしまいます。

● オーディオトラックミキサー

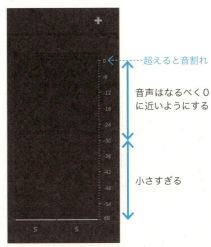

その場合は「**リミッター**」のエフェクトを利用します。

「エフェクト」パネル ➡ 「オーディオエフェクト」 ➡ 「振幅と圧縮」 ➡ 「ダイナミック」を選択することでリミッターのエフェクトが利用できます。

● 「エフェクト」パネルの「ダイナミック」を選択

「エフェクトコントロール」パネルの「ダイナミック」項目の「編集」をクリックし設定画面を開きます。「編集」をクリックするとパネルが表示されます。

パネルの「リミッター」にチェックを入れます。すると、線の部分（オーディオトラックミキサーの0のライン）より大きい音を自動的に-1db下げてくれるように調整できます。

● リミッターを有効にする

値を調整するだけでなく、実際に再生して音量を確認してみることが大切です。

慣れてきたらショートカットキー G （オーディオゲイン）を使い、時短をするように心がけていきましょう！

他に音割れしている場所があれば、その都度リミッターをかけましょう。

リミッターを設定するプリセットの作成

リミッターを設定する際に同じ操作を毎回するのは大変です。そこで、オーディオゲインとダイナミックを同時にできるようにプリセットを作成します。

「エフェクトコントロール」パネルの「オーディオ」➡「ダイナミッ

ク」で右クリックし「プリセットの保存」を選択します。ウィンドウが表示されたら任意のプリセット名（例では「リミッター」）を設定して「OK」ボタンをクリックすれば完了です。

● プリセットを保存

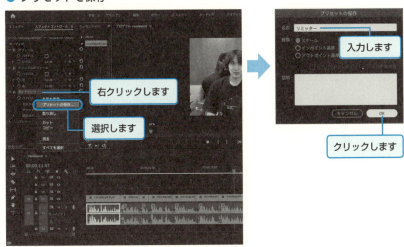

作成したプリセットは、エフェクトパネルで「リミッター」で検索すると見つかります。

音声の編集はどの動画でも共通して行うことなので、しっかり身につけてください！

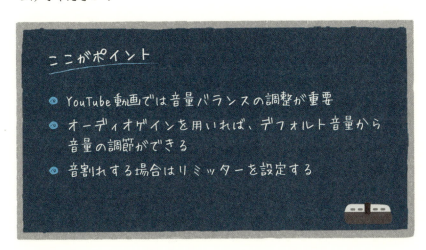

ここがポイント
- YouTube動画では音量バランスの調整が重要
- オーディオゲインを用いれば、デフォルト音量から音量の調節ができる
- 音割れする場合はリミッターを設定する

02 おすすめBGMサイト

ここではおすすめのBGMサイトの紹介と、YouTubeでよく使われているBGMを紹介していきます！　実際に調べてダウンロードしながら読むと、今後の編集作業が楽になると思います！

1　楽曲の利用規約を必ず確認する

　おすすめのBGMサイトを紹介する前に、1つ注意すべきポイントがあります。それは**「各サイト（や楽曲）ごとの利用規約を絶対に確認してほしい」**ということです。

　規約に違反して楽曲を使用した動画を作成した場合、動画編集者である自身だけでなくクライアントにも迷惑がかかります。必ずきちんと確認してから利用しましょう！

　ここでは、BGMサイトを紹介する際に利用規約の概要を載せているので参考にしてください。もちろん規約は変更される可能性があるので、事前に必ず自分で再度チェックする必要があります。

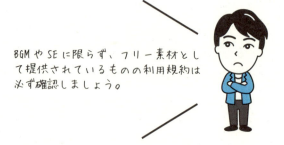

無料の楽曲素材サイト3選

おすすめのBGMサイトは次の3つです。

❶ DOVA-SYNDROME (https://dova-s.jp/)

YouTubeのエンタメ系の動画でよく利用されている楽曲が数多く収納されています。ランキングから曲を調べるのがおすすめです！

❷ 魔王魂 (https://maou.audio/)

普通のEDの曲だけでは寂しいとき、迫力がある曲を探しているときに便利です！

❸ 甘茶の音楽工房 (https://amachamusic.chagasi.com/)

イメージやジャンルから曲を探すことができ、汎用性の高い楽曲の利用が可能です！

楽曲のダウンロード

試しに、楽曲をダウンロードしてみましょう。DOVA-SYNDROMEを例に紹介します。基本的に他サイトも同様の流れです。

---

① 楽曲を探し、「音楽素材ダウンロードページへ」をクリックする
② 「ダウンロードファイル」をクリックしてダウンロードする

DOVA-SYNDROME（https://dova-s.jp/）にアクセスします。今回はダウンロードランキングから曲を探してみましょう。「DL Ranking」をクリックします。

● ダウンロードランキングから探す

　ダウンロードランキング上位の楽曲が表示されます。詳細を見たい曲をクリックします。

● 詳細を見たい曲をクリックする

　曲の詳細ページで内容を確認したら、ダウンロードしてみましょう。「音楽素材ダウンロードページへ」をクリックします。

● 音楽素材ダウンロードページへ

「DOWNLOAD FILE」をクリックすると、楽曲ファイルをダウンロードできます。

● 楽曲のダウンロード

有料の楽曲素材サイト

　無料サイトの楽曲では物足りない場合は、「Artlist」(https://artlist.io) という有料楽曲素材サイトを利用するのがおすすめです。
　Artlistではオシャレな素材を数多く提供しており、ビジネス系などの動画に向いたBGMをダウンロードできます。

● 有料楽曲素材サイト「Artlist」(https://artlist.io)

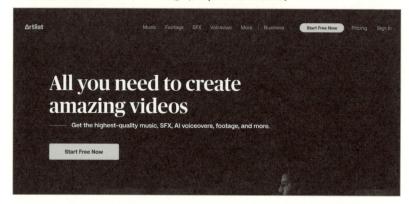

2　一度は聴いたことがあるおすすめの楽曲

　誰もが一度は聴いたことがあるフリーのBGMを14曲紹介します。使用場面なども示したので、動画編集の際の参考にしてみてください！

● よく使われるフリーのBGM

曲名	使用場面	サイト
Cat_life (https://dova-s.jp/bgm/play2558.html)	序盤	DOVA
なんということはない日常 (https://dova-s.jp/bgm/play353.html)	序盤	DOVA
かえるのピアノ (https://dova-s.jp/bgm/play568.html)	中盤	DOVA
なんでしょう？ (https://dova-s.jp/bgm/play710.html)	中盤	DOVA

わくわくクッキングタイム的なBGM (https://dova-s.jp/bgm/play4520.html)	中盤	DOVA
昼下がり気分 (https://dova-s.jp/bgm/play4712.html)	中盤	DOVA
少年達の夏休み的なBGM (https://dova-s.jp/bgm/play2197.html)	中盤	DOVA
かけっこ競争 (https://dova-s.jp/bgm/play1273.html)	中盤	DOVA
shuffle shuffle (https://dova-s.jp/bgm/play5615.html)	中盤	DOVA
野良猫は宇宙を目指した (https://dova-s.jp/bgm/play2873.html)	終盤	DOVA
HOW TO PLAY (https://dova-s.jp/bgm/play2253.html)	オチ	DOVA
orchestral_mission (https://dova-s.jp/bgm/play467.html)	オチ	DOVA
全てを創造する者「Dominus Deus」 (https://dova-s.jp/bgm/play5605.html)	シリアス	DOVA
コールドフィッシュ (https://dova-s.jp/bgm/play2752.html)	ホラー	DOVA

　実際に聴いてみて、ダウンロードしてファイルに保存しておくことをおすすめします。
　他にも様々な楽曲やBGMサイトがあるので、自分でも色々調べてみてください！

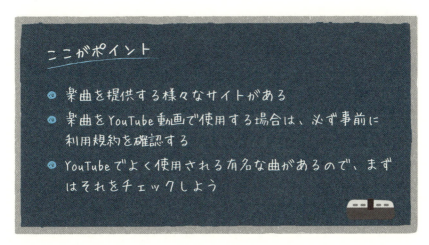

ここがポイント

- 楽曲を提供する様々なサイトがある
- 楽曲をYouTube動画で使用する場合は、必ず事前に利用規約を確認する
- YouTubeでよく使用される有名な曲があるので、まずはそれをチェックしよう

03 動きや変化を表現する SE（効果音）の基礎

ここではSEについて説明していきます。SEの注意点は特に大切なのでしっかり押さえてください！

1　SEの3つの役割

まずは、動画における**SE（サウンドエフェクト・効果音）**の役割について知っていきましょう。SEの挿入方法は画像やBGMと同じなので省略します。

SEの役割は大きく次の3つです。

① 動きに対して音をつける
② 変化を与えて飽きさせない
③ 動画の印象を決める

SEは、テロップや画像を目立たせたい場面や、場面転換する際に挿入します。

「SEがある＝変化があるシーン」ということがわかるため、全体に満遍なくSEを入れましょう。動画の一部分にのみSEを入れると、視聴者の飽きを誘発させる原因にも繋がってしまいます。

効果的にSEを使うと、視聴者の注意を持続させることができます。見る側を注目させる効果があるのです。

SE挿入のポイント

SE挿入のポイントを箇条書きにまとめました。

> ・言葉を発するタイミングにSEを入れる
> ・テロップの始まりとSEの挿入場所を合わせる
> ・補助的な役割としてSEを使用する際はSEの音量を下げる
> 　（SE: -18dB程度に調整）
> ・人の声よりSEが大きいと声が聞こえなくなってしまう。
> 　SEは確実に声より小さい音量に調整する
> ・すぐに音が始まらないSEもあるので、その場合は長さを調整する

　最初は、SEの音量調整や、どこにどのSEを挿入するか悩むと思います。上記のSE挿入ポイントを意識して編集し続けてください。

　なお、プロジェクトにたくさんのSEを入れることになるため、よく使うSEは用途別にリスト化して整理しておくことをお勧めします。そうすることで、場面に合ったSEをすぐに探せるようになります。

● SE挿入のポイント

言葉を発するタイミングに
SEを入れる
人の声よりSEは小さくする

テロップの始まりと
SEの挿入場所を合わせる

2 「SEがなくても動画は成り立つ」ことを意識

動画でSEを入れる際に特に注意すべき点について解説します。

SEの入れすぎに注意

前提として「SEがなくても動画は成り立つ」ということを認識しておきましょう。動画によるブログである「Vlog（Video Blog）」などが良い例です。SEはあくまでも補助的なものなので、SEの入れすぎには注意してください！

ただし、例えばエンタメ系YouTuberの代表格である「HikakinTV」（https://www.youtube.com/channel/UCZf_ehlCEBPop-_sldpBUQ）の動画は、約3秒に1回SEが入っています。これは子供向けに飽きさせない工夫ですので、例外と考えてください。

今回はSEのポイント、注意点について解説しました。SEは適度に使うことで動画の印象を変え、視聴者を飽きさせないように誘導することができます。ぜひポイントを押さえてSEの使用に慣れてください。

ここがポイント

- SEには、動きに対して音をつけたり、動画に変化をつけたり、動画の印象を決めたりする役割がある
- SEは動画の一部ではなく全体に入れる
- SEの入れすぎに注意する

04 おすすめ効果音サイトと 使ってはいけない効果音

おすすめの効果音と、効果音を選ぶ際のポイントについて説明します。SE をダウンロード提供しているサイトも紹介します。

1 おすすめの効果音サイト

まず、おすすめの効果音提供サイトを2つ紹介します。なお、BGM同様にSEをダウンロードする際も利用規約に注意してください！

①効果音ラボ（https://soundeffect-lab.info/）

「効果音ラボ」はクオリティが高く、素材も幅広い音が揃っているサイトです。多くのYouTuberが使う音も数多く収録されています！

利用の際は利用規約（https://soundeffect-lab.info/agreement/）を確認してください。

②フリー効果音素材・無料効果音 （https://taira-komori.jpn.org/）

このサイトでは、ジャンルから効果音を選べるほか、同じ種類の効果音でも様々な素材が提供されています。

利用の際は利用規約（https://taira-komori.jpn.org/welcome.html）を確認してください。

6時限目 BGM・SEをつけよう

上記は無料サイトですが、物足りない人は有料素材サイトに登録してもいいかもしれません。5時限目の127ページで紹介したiStock（https://www.istockphoto.com/jp）やGetty Images（https://www.gettyimages.co.jp/）は有料楽曲素材も提供しています。利用してみてください。

2　効果音を選ぶときのポイント

　ここでは効果音を選ぶときのポイントを箇条書きでまとめます。そのポイントがなぜ大切なのかも説明しているので、ぜひ注意して読み進めてください！

・効果音は低音の素材を選ぶ

　例えば「叫び声」などの素材で、女性と男性両方の効果音がある場合は、基本的には男性の方を選びましょう。効果音は低音の方が聞き取りやすく、外れが少ないです。特別な意図がなければ、高音の効果音は避けた方がベターです！

・チープに聞こえる音は避ける

　チープに聞こえる音は、動画全体が安っぽくなる恐れがあるので注意しましょう。特にビジネス系などの動画では、話者のイメージダウンに繋がるので要注意です。

・音が短く、音の種類が少ない効果音を使う

　同じような素材があった場合「音が短く、音の種類が少ない」方を優先して選択してください。SEはあくまでも補助的な役割なので、なるべくシンプルで聞き取りやすい音を選ぶことが大事です！

・**古くささを感じる効果音は避ける**

素材を聴いて、この音は古くさい、昭和っぽいと感じる場合は使用を避けましょう。

SE挿入はYouTube編集の胆といってもいいポイントです。ここで紹介したサイトのSEを聴くと、自分が見たYouTube動画でよく使われているSEだと分かる素材も多いと思います。

効果的なSE挿入は動画にテンポを与え、飽きがこない動画作りにも繋がります。よく使われている素材を活用して動画のクオリティを上げ、視聴者の視聴離脱率の低下を防ぎましょう！

SEの選択はセンスによる部分が大きいので、自信がない場合は他の動画のSEを徹底的に参考にしましょう！

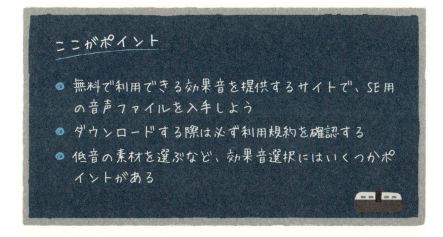

ここがポイント

- 無料で利用できる効果音を提供するサイトで、SE用の音声ファイルを入手しよう
- ダウンロードする際は必ず利用規約を確認する
- 低音の素材を選ぶなど、効果音選択にはいくつかポイントがある

05 感情をあらわすSE

テロップで感情をあらわす際にSEを組み合わせると効果的です。ここでは感情別のお勧めSEについて解説します。

1 感情別のおすすめSE

4章でテロップについて解説しましたが、感情を表すテロップ（「**強調テロップ**」については8時限目176ページで解説）を使用する場合は、SEとセットで強調することが一般的です。与えたいテロップの印象とSEがミスマッチしていないかを必ず確認しましょう。

テロップデザインとSEのお勧めの組み合わせを紹介します。なお、各テロップで使用しているフォントについては179・180ページを参照してください。

● 強調時

SE（曲名）	サイト	説明
拍子木1	効果音ラボ「演出・アニメ[1]」 https://soundeffect-lab.info/ sound/anime/	木を打ち鳴らす和楽器
和太鼓でドン		生録音。重厚感がある
和太鼓でカカッ		太鼓のフチの部分を叩く
シャキーン1		ポーズを決める

● シュール時

SE（曲名）	サイト	説明
ナイフを投げる	効果音ラボ「戦闘[2]」 https://soundeffect-lab.info/ sound/battle/battle2.html	ナイフを投げる ヒュッ
風呂桶でカポーン	効果音ラボ「生活[1]」 https://soundeffect-lab.info/ sound/various/	お風呂の演出音に
鈴を鳴らす	効果音ラボ「演出・アニメ[1]」 https://soundeffect-lab.info/ sound/anime/	シャン。残響入り

● 悲しいとき・情けないとき

SE（曲名）	サイト	説明
チリン	効果音ラボ「演出・アニメ[1]」https://soundeffect-lab.info/sound/anime/	凛とした女性が登場
チーン1		がっかりした時の演出に
鈴を鳴らす		シャン。残響入り
間抜け4		ボケシーン
涙のしずく		深い響き

● 怒っているとき、ツッコミ

SE（曲名）	サイト	説明
ビシッとツッコミ2	効果音ラボ「演出・アニメ[1]」https://soundeffect-lab.info/sound/anime/	動画のツッコミ演出などに

● テロップの例

「拍子木1」「和太鼓でドン」
「和太鼓でカカッ」「シャキーン1」など

「ナイフを投げる」「風呂桶でカポーン」
「鈴を鳴らす」など

「チリン」「チーン1」「鈴を鳴らす」「間抜け4」
「涙のしずく」

「ビシッとツッコミ2」

06 ノイズが多く音質が悪いときの対処方法

音質が悪い素材をうまく対処して動画で使用する方法について解説します。ノイズの種類に分けて解説するので参考にしてください！

1　ノイズ除去の2つの方法

　ノイズ（雑音）が入った音質が悪い素材は、ノイズ除去処理を行います。動画全体にノイズが入っている場合と、部分的にノイズが入っている場合の2つの対処法について解説します。

2　全体的にノイズがある場合

　動画全体にノイズが入っている素材への対処法です。「**クロマノイズ除去**」を使います。

　クロマノイズ除去を利用するには、「エフェクト」パネルから「オーディオエフェクト」➡「ノイズリダクション/レストレーション」➡「クロマノイズ除去」を選択します。

● クロマノイズ除去

「エフェクトコントロール」パネルの「クロマノイズ除去」➡「編集」ボタンをクリックすると、クロマノイズ除去の設定画面が表示されます。

● クロマノイズ除去の設定

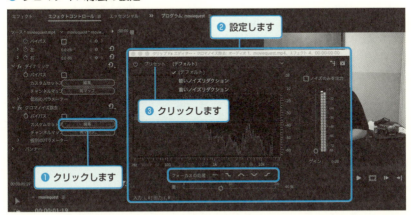

編集画面の「プリセット」をクリックすると次の3つが表示されます。

① デフォルト
② 軽いノイズリダクション
③ 重いノイズリダクション

素材の状況に合わせて、この3パターンの内のどれかを選択してください。例えば、エアコンの雑音など小さい音量のノイズなら「軽いノイズリダクション」を、強風やテレビの音など大きめの音量のノイズなら「重いノイズリダクション」を選択してください。

簡単に3パターンを試せるので、素材のノイズ状況を考え、試しながら決定してくださいね！

周波数に合わせてノイズ除去

前ページの画面の下部に表示されている「**フォーカスの処理**」は、音の周波数に合わせてどの部分の範囲のノイズを除去するか選べる機能です。

ノイズや音声は同じ音ですが、周波数が異なります。そのため、フォーカスの種類を変更し、ノイズ除去量を変えたりしてノイズを抑えてみてください。最初からフォーカスを利用するのは難しいので、最初はプリセットの選択だけでも大丈夫です。

音質が悪い動画を提供された場合

しかし、どうしても音質が悪い動画の提供を受けた場合は、事前にノイズ除去が難しいことをクライアントに伝えておきましょう。ノイズ除去した動画としていない動画を比較できるようにして、「声が少し変わってしまいますがどうしますか？」などと提案するといいでしょう。

クロマノイズ除去をコピペして全体にエフェクトをかけ、全体を確認します。

録音状況が悪い素材をソフトウェア処理のみで対処するのは限界があります。その場合は素直にクライアントに相談しましょう。

3 部分的にノイズがある場合

部分的にノイズが入っている素材の対処法です。「**FFTフィルター**」を使います。

FFTフィルターを利用するには「エフェクト」パネルの「オーディオエフェクト」➡「フィルターとイコライザ」➡「FFTフィルター」を選択します。

● FFT フィルター

「エフェクトコントロール」パネルの「FFT フィルター」➡「カスタムセット」の「編集」ボタンをクリックすると、FFT フィルターの設定画面が表示されます。デフォルトで様々なフィルターがあります。

● FFT フィルターの設定

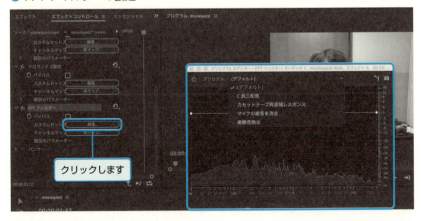

　FFT フィルターは、動画の部分的なノイズに対して、ノイズの部分を特定してノイズ除去をしていくことができます。
　まず、音の波形を分析し、ノイズ部分の波形を見つけます。次に線の上を4回クリックし、ノイズ部分にスポットを当てます。このとき、それ以外の線の部分は0dBのままになるようにしてください。

● ノイズ部分の特定

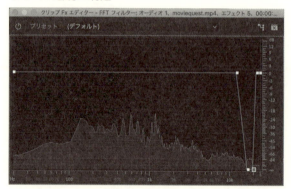

　なお、ここでは詳しく解説しませんが、音声がエコーをしている場合は「**リバーブリダクション**」というエフェクトがおすすめです。

上手くノイズが消せないことも

　今回はノイズ除去でよく使う2つのエフェクトを紹介しました。この2つのエフェクトはよく使うので、プリセットとして保存しておくといいでしょう。
　注意点として、音声を加工する際に軽いノイズは綺麗に消せますが、うるさいもの、音声と周波数が似ているものは上手く消せないことがあります。

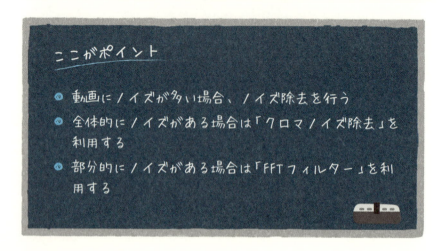

7時限目 色調補正をしよう

動画全体の明るさの調整や、色が持つイメージを使った色調補正などについて詳しく解説します。

01 動画の見やすさを左右する色調補正

動画の色調補正の仕方を分かりやすく解説していきます。色調補正は動画の見やすさを左右する作業なので、手を動かしながら確認してください！

1 Lumetriカラーの表示

「**色調補正**」は動画を明るくして自然な色味にするための工程です！同じ動画を見続けていると気付きにくいですが、動画は基本「暗い」ものです。Premiere Pro の「**Lumetriカラー**」を使って、明るく見やすい動画にしていきましょう！

Lumetri カラーは素材（動画）の色味を調整するツールです。色味の調整は調整レイヤーで行います。

調整レイヤーを表示する

Lumetriカラーを表示する前に**調整レイヤー**を表示します。プロジェクトパネルで「新規項目」（ ）➡「調整レイヤー」を選択します。

● 「調整レイヤー」を選択

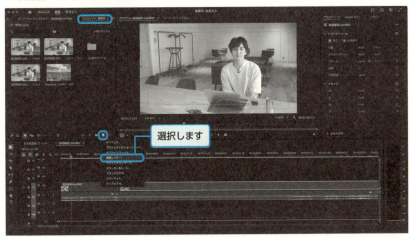

「調整レイヤー」ダイアログボックスで、ビデオ設定がシーケンスと一致しているかを確認します。必要に応じて変更し、「OK」ボタンをクリックします。

● 「調整レイヤー」ダイアログボックス

プロジェクトパネルから、調整レイヤーをタイムラインパネルのシーケンスにドラッグ＆ドロップします。

● 調整レイヤーをタイムラインパネルのシーケンスにドラッグ＆ドロップ

次に調整レイヤーにLumetriカラーのビデオエフェクトを適用します。エフェクトパネルで「Lumetriカラー」を検索し、調整レイヤーにドラッグ＆ドロップしてください。適用されると灰色から紫色に色が変わります。

● Lumetriカラーを調整レイヤーにドラッグ＆ドロップする

Lumetriカラーの注意点

Lumetriカラーで注意することは次の点です。

・調整レイヤーは、画像やテロップに被らないようにする
（調整レイヤーを画像やテロップより上に配置すると、画像やテロップの色味も変化してしまう）
・Lumetriカラーが表示されていない場合は「ウィンドウ」➡「Lumetriカラー」から表示する

2　Lumetriカラーで色調補正をする

ここではLumetriカラーについて解説します。

● Lumetriカラー

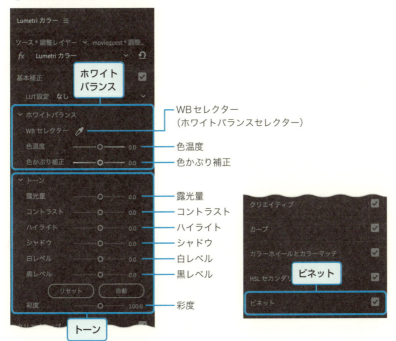

各項目で調整できる内容について説明していきます。

ホワイトバランス

WBセレクター（ホワイトバランスセレクター）

ホワイトバランスセレクターを利用すると、動画内の白い部分をクリックすることで、その色味を基準に色味を調整できるようになります。うまく調整できない場合は、色温度、色かぶり補正をしてください。

色味の調整は、次のように考えて行います。

・全体的に黄色っぽい場合 ➡ 青色方向に調整
・全体的に青色っぽい場合 ➡ 黄色方向に調整

トーン

露光量

露光量を調整すると、光の量を変えられます。単純に明るさ調整として利用する場合が多いです。

露光量の調整で暗い画面を明るくできますが、明るくしすぎると俗に言う「白飛び」になるのでやりすぎには注意してください！

コントラスト

コントラストの調整は、画面の明暗を強めます。

ハイライト

ハイライトは、明るい部分を強める効果があります。画面全体の明るさの調整は露光量を上げて行いますが、一部分だけ白飛びさせる場合にハイライトを利用します。

シャドウ

シャドウは暗い部分を強める効果があります。

白レベル

白レベルはハイライトと近い効果がありますが、白レベルだと白い部分をより明るくしてくれます。

黒レベル

黒レベルはシャドウと近い効果がありますが、黒レベルを使うことでより引き締まった動画になります。

彩度

彩度は動画全体の色味を変更します。色味をなくしたり、逆に色味を加えたりすることができます！

ビネット

ビネットは動画の周辺部分の明るさを調整できます。適用量などを変更し、画面全体の明るさを揃えていきましょう。

次ページに、実際に色調補正を行った例を示します。色温度、色かぶり補正、露光量、コントラスト、黒レベルなどを修正しています。

色温度設定では、青色系か黄色系に調整できます。例では17.9と青系に色味を振っています。色かぶり補正は、写真全体の色調が特定の色に偏っているのを自動で補正してくれる機能です。マイナスにすると緑色が加わり、プラスにするとマゼンタが加わります。例では-2.1にして緑色を加えています。

露光量は映像全体の明るさを調整できます。最初に調整する設定です。0.4にして少し明るくしています。

コントラストは明暗の差を設定します。17.4と少しコントラストを強めにしています。

黒レベルは映像内の暗部をより強調します。例では19.6にして暗部を強調しています。

● 色調補正の例

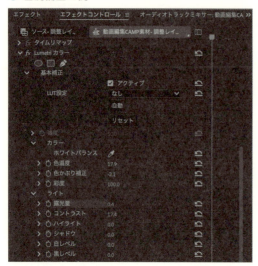

● 色調補正を行った

3 Lumetriスコープで色調補正を確認する

　Lumetriカラーを使った色調補正の方法を解説しました。

　ここでは、色を調整したあとで実際に適切な色味になっているかを確認できる「Lumetriスコープ」を紹介します。

　Lumetriスコープを表示するには、「ウィンドウ」メニューから「Lumetriスコープ」を選択します。

　Lumetriスコープは、色味を視覚的に認識できるものです。Lumetriスコープを見ると、色が均一かどうか分かるようになっています。

● Lumetri スコープ

　色はRGB（赤、緑、青）の3原色ですが、「Lumetriスコープ」の「設定（ ）」ボタンをクリックして表示されるメニューから「波形タイプ」を選択します。「波形タイプ」で表示すると、色のバランスが視覚的に把握しやすくなります。

● 波形表示にすると色のバランスを視覚的に把握できる

　赤、緑、青のバランスが同じようになるように調整します。この色をバランスよく近づけることがポイントです。
　少しずつ色調補正に慣れていってください。

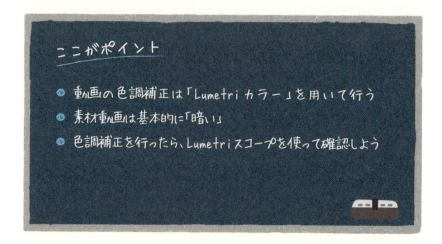

ここがポイント

- 動画の色調補正は「Lumetriカラー」を用いて行う
- 素材動画は基本的に「暗い」
- 色調補正を行ったら、Lumetriスコープを使って確認しよう

02 YouTube動画で よく使われる色調補正

色調補正をすることで、動画の雰囲気を大きく変化させることができます。ここでは映像の種類を細かく分類し、どのような色調補正が適切か解説していきます。

1 色味が持つ一般的なイメージ

基本的な映像も細かく分類することができます。色味とそれによる感じ方を簡単にまとめたので、参考にしてみてください。

- ・白くてフラット ➡ 清潔
- ・少し黄色より ➡ 温かみ
- ・黒色が淡い ➡ おしゃれ
- ・コントラスト強め ➡ 映画風

こういった色調補正はLumetriカラーで調整できます。自分がYouTubeを視聴する立場のときも、シーンによってどのような色味が選択されているかを考えて見てみましょう。

2 感情を表す色味

感情を表す色味の使い分けとして映像を分類していきます。

- ・モノクロ ➡ 悲しい
- ・赤 ➡ 怒り、暑い
- ・青 ➡ 冷たい
- ・ピンク ➡ スケベ
- ・反転 ➡ 怖い

ここで紹介する色調補正はすべてLumetriカラーの「クリエイティブ」で編集可能です。

● **クリエイティブで編集**

色には連想するイメージがあります。ここではそういった連想イメージを色で表現していきます。

　「悲しい」場面を表現する場合は、画面をモノクロにします。モノクロにするには、彩度を調整します。

● モノクロ➡悲しい

彩度を下げて調整します

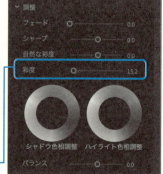

怒りや暑さを表現する場合は、画面を赤い色調にします。画面を赤くするには、色相調整で色味を変更します。なお、色相調整では青やピンクなどにも色味を変更できます。

● 赤 ➡ 怒り、暑い

● 青 ➡ 冷たい

● ピンク ➡ スケベ

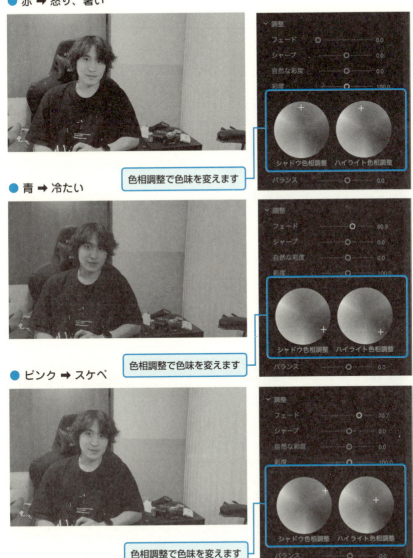

怖い場面を表現するには、反転を利用しましょう。「エフェクト」パネルの「ビデオエフェクト」➡「チャンネル」➡「反転」を選択します。

● 反転 ➡ 怖い

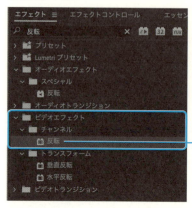

「反転」で怖い場面を表現します

　今回使用したエフェクト等もプリセットとして保存できるので、よく使う場合は保存し時短ができるように工夫していきましょう。
　色調補正をマスターし、音や言葉だけでは伝わりにくい雰囲気を動画全体の色味を変えることで分かりやすく伝えていきましょう！

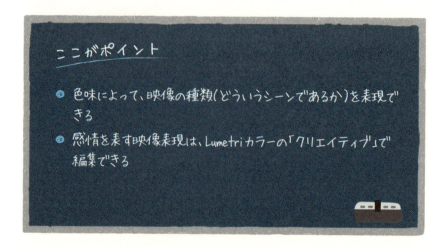

ここがポイント
- 色味によって、映像の種類（どういうシーンであるか）を表現できる
- 感情を表す映像表現は、Lumetriカラーの「クリエイティブ」で編集できる

8時限目 動画編集でよく使うテクニックや編集レベルを上げるコツ

ここではYouTube動画編集でよく使うテクニックや、動画のレベルを上げるコツなどを解説します。

01 モザイク処理

動画内で特定の箇所にモザイク処理を施す方法を解説します。

1　モザイクを使うシーンとモザイクの種類

モザイクを動画で使うシーンは、主に次の2パターンです。

- 公開したくない情報を隠す
- vlogなどで写り込んだ他者を隠す

モザイクの種類は主に次の3種類あります。

- モザイク
  ブロック状にぼやける
- ブラー(ガウス)
  そのまま滑らかにぼやける（近視の視界のような状態）
- ブラー(方向)
  指定の方向に合わせて伸びるようにぼやける

　モザイクの種類としては、特に制約がない場合は基本的に「ブラー（ガウス）」がYouTubeの動画編集では使いやすいのでお勧めです。

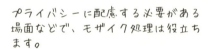

プライバシーに配慮する必要がある場面などで、モザイク処理は役立ちます。

2　モザイク処理の手順

　使用するモザイクの種類によって選択するメニューが異なります。

　「モザイク」を使用する場合は、Premiere Proの「エフェクト」メニューから「ビデオエフェクト」➡「スタイライズ」➡「モザイク」を選択します。

　「ブラー」を使用する場合は、Premiere Proの「エフェクト」メニューから「ビデオエフェクト」➡「ブラー＆シャープ」➡「ブラー（ガウス）」もしくは「ブラー（方向）」のいずれかを選択します。

● モザイク

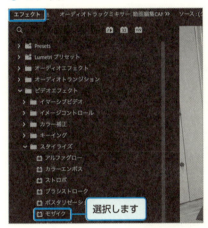

● ブラー

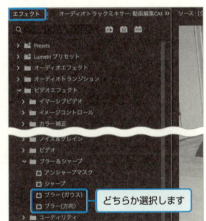

　まず、読み込んだ動画でモザイク処理をしたい場面まで動画を進めます。画面の一部分にモザイクを処理したい場合は、以下の方法で範囲を指定します。

　「エフェクトコントロール」で「楕円形（　）」「長方形（　）」「パスで自由に範囲を選択（　）」のいずれかを選択して、画面上でモザイク処理をする範囲を決めます。次ページの図は「ブラー（ガウス）」で楕円形、長方形、パスで自由に範囲を選択でモザイク処理する範囲を選択したものです。範囲を決めたらモザイク処理のパラメータを調整してモザイクをかけます。

● 楕円形（◯）

● 長方形（■）

● パスで自由に範囲を選択（✐）

　「エフェクトコントロール」で、モザイク処理のパラメータを調整できます。薄いモザイクから濃いモザイクまであるため用途によって調整

しましょう。次の画像はそれぞれのモザイクの違いがわかりやすいように全画面にしています。

● 「モザイク」（水平ブロック・垂直ブロック）

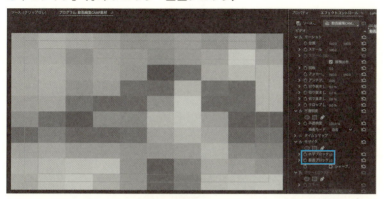

● 「ブラー（ガウス）」（ブラー[数値]）

● 「ブラー（方向）」（「方向」「ブラーの長さ」）

173

02 図解表現を マスターしよう

「図解」はプレゼン資料や解説書など、わかりやすさが重視されるさまざまなシーンで利用されています。動画でも同様で、動画のわかりやすさを増すためには、適切な図解を挿入することが有効です。

1 図解のポイント

図解表現はYouTube動画では必須です。

動画内で図解を用いる理由には、次のようなものがあります。

- ・話し言葉やテロップでの説明だけではわかりづらいとき（構図の説明など）
- ・図解を用いたほうがわかりやすく聞き手が情景を想像できるとき

図解を適切に使用することは、視聴者の視聴満足度に直結します。

図解を作成する際は「視聴者が何も知識がない状態で見たときに、わかりやすい図解になっているか」を意識して作成しましょう。

図解を上手に作れる動画編集者はクライアントからとても重宝されます。

図解作成が上手になるためには、次のようなことを日常的に心掛けましょう。作成する図解のクオリティが自然に上がっていきます。

- ・たくさんの動画を見てイメージを増やす
- ・意識的にデザインの事例を多く見る
- ・テレビ番組のデザインを確認する

2　わかりやすい図解の例（組織図）

次の例は、動画制作の組織を図解にしたものです。

NG例では、各役職を説明しただけの箇条書きになっています。これでは組織内での役割が視覚的に理解できません。

● NG例

```
          案件の組織構図
PM ……………………………… 全体統括
企画ディレクター …………… 企画や台本
制作ディレクター …………… 制作の進行管理品質担保
編集者 ……………………… 動画制作
```

次の図は、上の組織を階層（ピラミッド）図に落とし込んだものです。PM（プロジェクトマネージャー）が組織の頂点にいて、企画ディレクター、制作ディレクター、動画編集者が下部構造になっているのがわかります。適切に図解にすることで、組織内の地位や、各担当者の人数がどのくらいのボリュームなのかもイメージできます。

● OK例

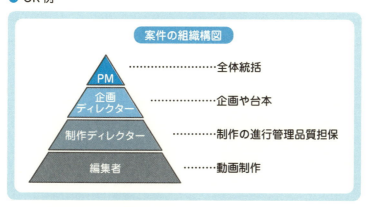

03 強調テロップ

テロップの一部分や全体を強調する方法を解説します。強調テロップを用いることで、演者が伝えたい情報を的確に視聴者に伝えられます。また、強調テロップで用いられるフォントについても解説します。

1　部分強調

部分強調とは、テロップ表示の際に一部分のみ強調することです。
通常のテロップ色とは色を変えて強調します。
部分強調する理由は、テロップ内に大事なキーワードがある場合などに、視聴者にそれを伝えるためです。
テロップの部分強調は非常に汎用性の高い表現方法です。

部分強調の注意点

部分強調では、強調する箇所（色を変える文字）が多すぎると逆効果です。強調したい部分が不明確になり、逆にわかりづらくなってしまいます。
例えば次のテロップを強調する場合を考えます。

> 例 人に好かれるということだけを考えて行動していれば

強調は多用しすぎると埋もれてしまって逆効果になります。勘所を押さえて強調しよう！

次の例は強調箇所が長過ぎて、伝わりづらくなっています。

> **NG** **人に好かれるということだけを**考えて行動していれば

● NG 例「人に好かれるということだけを」を強調（強調箇所が長過ぎる）

一方、次の例では「**人に好かれる**」だけ強調しています。この方が重要なことが伝わりやすいことがわかります。

> **OK** **人に好かれる**ということだけを考えて行動していれば

● OK れい「人に好かれる」のみ強調

テロップの部分強調は、適切な言葉を効果的に強調しましょう。

2　全体的な強調

　テロップ全体を強調する手法は、その動画で演者が強く訴求したいワードを強調する際に使用します。

　全体的な強調は、特定部分の色だけを変える部分強調とは異なります。テロップスタイルを変え、文字のサイズも大きくし、エフェクトやSEを用いて目立たせます。

　また、通常テロップは発言をすべて文字に起こすのに対し、全体的な強調の際は、強調したいワードがより際立つように「要約」してテロップを最小限にするのもコツです。

　例 無料個別面談を開催させていただきたいと思います

　上記のように演者が発声している場面にテロップをつけます。次のテロップはそのままの文章を強調してしまっている失敗例です。

● NG例

　一方、OK例では「無料個別面談を開催させていただきたいと思います」という台詞をバックに、テロップでは「無料個別面談を開催」だけ抜粋して強調します。

　OK 無料個別面談を開催

● OK 例「無料個別面談を開催」もしくは「開催します」

3　強調テロップでよく使われるデザイン

　強調テロップは通常テロップとフォントを変えて目立たせます。
　強調時やシュールなツッコミ時には角ゴシック体や明朝体フォントを用います。

● 角ゴシック体（強調時、シュールなツッコミ時など）

● 明朝体（強調時、シュールなツッコミ時など）

悲しいシーンや情けないシーンでは「チカラヨワク」（https://pm85122.onamae.jp/851ch-yw.html）のようなフォントを用います。

● チカラヨワク（悲しいとき、情けないときなど）

逆に怒っているときなどは「チカラヅヨク」（https://pm85122.onamae.jp/851ch-dz.html）や「レゲエOne」（https://free-fonts.jp/reggaeone/）などのフォントを用いるといいでしょう。

● チカラヅヨク、レゲエOne（怒っているときなど）

ここがポイント

- テロップの一部の色を変えるなどして強調することを「強調テロップ」という
- 強調箇所が多過ぎると逆に目立たなくなってしまう
- テロップ全体を強調する場合は簡潔な文にする

04 動画デザイン

人気のあるチャンネルを見ていると、チャンネル内の各動画の作りが似通っていることに気づきます。このような共通デザインのことを「動画デザイン」と呼びます。

1 動画デザインを構築するポイント

「動画デザイン」とは、チャンネルごとにそのチャンネルに合わせたデザインです。

動画デザインを構成する主な要素は次のとおりです。

- テーマテロップ
- まとめなどの表、ポイントテロップ
- アイキャッチ
- OPやED
- 左上に表示する見出しテロップ
- 目次テロップ

動画デザインは動画編集者が勝手に決めるものではありません。

あらかじめ、チャンネルのイメージカラーや視聴者に与えたい雰囲気などを、クライアントによくヒアリングします。そのうえで、色合いや雰囲気を統一し、何パターンか作成してクライアントに提案します。

カラーやデザインが与える雰囲気

赤色 元気、活力

青色 知性、冷静

ピンク 可愛らしい　など……

8時限目　動画編集でよく使うテクニックや編集レベルを上げるコツ

赤色は元気や活力のイメージ、青色は知性や冷静さを感じさせるイメージ、ピンクだと可愛いらしさを演出するイメージといった具合に、それぞれの色が持つ（与える）イメージがあります。また、動画内で用いる囲み罫線のデザインも、伝えたいイメージによって使い分けます。
　例えば柔らかい可愛い雰囲気にしたい場合は丸みを帯びたデザインを用い、かっちりした雰囲気にしたい場合は角張ったデザインにするといった具合です。

● 線や図形が丸みを帯びたデザイン（柔らかい可愛い雰囲気）

● 線や図形が角張ったデザイン（かっちりした雰囲気）

　他にも、よく使われる形の動画デザインを紹介します。次ページに、画面左上の常時表示のテーマテロップの例を3点紹介します。
　左上のテーマテロップはベーシックなデザインで、尖らせた三角の図形を用いることでかっちりとした雰囲気のビジネス動画になります。きっちりした堅い会社などの雰囲気に合います
　右上のテーマテロップはよく使われるデザインです。下線部のみの

表現にすることで圧迫感なくスッキリした印象になります。色合いや、下線部を丸みにするか四角にするかで与える印象が違います。ヒアリング時に確認しましょう。

　左下のテーマテロップはビジネス動画やエンタメ動画でも使用可能な汎用性が高いデザインです。スッキリした真面目な印象も与えられますが、丸みがあることで親しみやすさもありいろんな雰囲気の動画に合います。背景に白をおくことで視認性が高く、素材に関わらず見やすいデザインになっています。

● 画面左上の常時表示のテーマテロップ

　次の画像はタイトルテロップと次節で紹介するアイキャッチです。タイトルテロップは背景や記号などを使って他のテロップと差別化し目立つようなデザインにしましょう。見出しなどとデザインに統一感があるとより良いです。

● タイトルテロップ（左）とアイキャッチ（右）

05 アイキャッチ

動画内で話題の転換などの際に用いられるのがアイキャッチです。ここではアイキャッチの意図や挿入タイミング、実際の作成方法などを解説します。

1 アイキャッチの意図と挿入タイミング

アイキャッチは、動画で話すテーマが変わるごとに入れる扉絵のようなものです。主に動画の途中で話題が転換する箇所に挿入します。

アイキャッチはチャンネルデザインの雰囲気と合わせ、写真を使うのか図解でデザインするかなどを決めましょう。

アイキャッチを入れることで動画に緩急がつく

アイキャッチを入れる意義は、動画の間延びを防ぐことです。

動画を垂れ流ししていると、動画内でなんの話をしているのか視聴者がわからなくなってしまったり、集中力が切れてしまう恐れがあります。

話題ごとにアイキャッチを入れることで、動画に緩急が生まれて見やすい動画になります。

アイキャッチを入れるタイミングは次のとおりです。

> **アイキャッチを入れるタイミング**
> ・話題が変わる瞬間
> ・話を深掘る瞬間
> ・場面が転換するとき

184

2　Premiere Proでのアイキャッチの作り方

　アイキャッチの作成はPremiere Pro、Photoshop、Canvaなどで行います。動きを付ける場合はPremiere ProやCanva、静止画であればPhotoshopやCanvaを用いましょう。

　アイキャッチに動きをつけたい場合は、Premiere Proの「エフェクト」(91ページを参照)で簡単に行うことができます。

　ここではPremiere Proを用いてアイキャッチを作る方法を解説します。

> **Premiere Proの場合**
> ❶ 長方形ツールで画面に合わせた長方形を作り、カラーを決める
> ❷ 枠線を作る場合は塗りを消して境界線のみ残す
> ❸ 話題に合わせたテロップを指定位置に入力すれば完成

　まず、Premiere Proの左メニューにある「長方形ツール」で画面に合わせた長方形を作ります。

　画面右側の「プロパティ」でアイキャッチの色を決めます。

●「長方形」ツールを選択

三角形や円などの図形を組み合わせる場合は「楕円ツール」や「多角形ツール」を使いましょう。

● 画面に合わせた長方形を作成し、色を決める

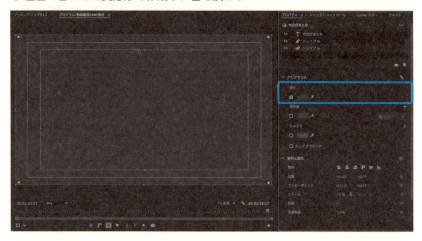

　アイキャッチに枠線を作る場合は、「塗り」を消して「境界線」のみ残します。

● 枠線を作る場合

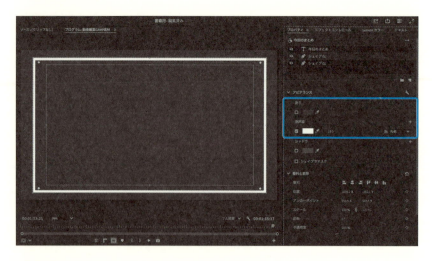

　話題に合わせたテロップを入力して完成です。

● テロップを入力する

　画像や写真を用いて動かしたい場合（徐々に動かしたり、光らせたりする場合など）は、Premiere Proの「エフェクトコントロール」で「モーション」や「不透明度」を変更します。

3　Canvaのテンプレートを使う場合

　Canva（https://www.canva.com/ja_jp/）は無償利用可能なグラフィックデザンツールです。オンラインツールなので、インストール不要で利用できます。

　Canvaでは豊富なテンプレートが用意されているので、簡単にアイキャッチを作れます。

　Canvaのテンプレートを使った動画の作成方法は次節の190ページで詳しく解説します。

Canvaを使うメリットは豊富なテンプレートがあること。使いやすいテンプレートを探して利用しましょう。

06 オープニング／エンディング動画の作り方

オープニングやエンディング動画の役割や作成方法を解説します。

1 オープニング／エンディング動画の役割

オープニング動画は、動画を再生した直後、あるいは一定時間再生したあとに流れる動画です。オープニング動画は、チャンネルの世界観を表したいときに用います。

次の図は、フリーランスで仕事をする際の常識を学べる「フリーランス攻略CH」のオープニング動画です。動きつきの2秒ほどのオープニングとなっていて、堅いビジネスチャンネルではなく、少し緩いPOPでキャッチーな印象に仕上げています。

> ・少しPOPな印象を与えるチャンネル名のフォント
> ・動きに合わせた可愛いSEをつける

● 「フリーランス攻略CH」
（https://www.youtube.com/channel/UCosA0OWQiTzbKSPBrtiTc1w）

エンディング動画は、動画の最後にチャンネル登録や次のおすすめの動画を表示するために使用します。

チャンネル登録を配置することで、新しく動画を見た視聴者がそのままチャンネル登録をしてくれたり、おすすめ動画を配置することで、他の動画も見てみようとチャンネル内の回遊率が向上するという狙いがあります。

オープニング・エンディング動画は、アイキャッチ同様にチャンネルのデザインに合わせて制作しましょう。

2　Premiere Proでの作成方法

オープニング動画は、頻繁に使われる雛形や必須項目などはありません。写真をメインに使用して会社の雰囲気を出すなど、チャンネルやクライアントの世界観をよくすり合わせたうえで制作しましょう。

前ページの「フリーランス攻略CH」のようなシンプルなデザインの場合は、前述のアイキャッチや後述するエンディングと同じ方法で作成します。Canvaのテンプレートを用いることも可能です。Canvaのテンプレートを使った作成方法は次ページを参照してください。

エンディング動画の作り方は、前節で解説したアイキャッチ作成とほとんど同じです。Premiere Pro、Photoshop、Canvaなどで作成できます。

ここでは、もっとも簡単でかつ洗練されたデザインでエンディング動画を作る方法を解説します。

まずPremiere Proで作成する方法を解説します。

> **Premiere Proの場合**
> ❶ 長方形ツールで画面に合わせた長方形を作り、カラーを決める
> ❷ 指定位置に「チャンネル登録」「おすすめ動画」とテロップを挿入
> ❸ テロップの位置に合わせて枠や余白をつけて完成

最初は185ページのアイキャッチと同じように、長方形ツールで画

面に合わせた長方形を作ります。画面右側の「プロパティ」でエンディングの色を決めます。

次の図のように、指定位置に「チャンネル登録」「おすすめ動画」とテロップを入れます。

● Premiere Pro でのエンディング作成

テロップの位置に合わせて枠や余白をつければ完成です。

3　Canvaでの作成方法

　Canva（https://www.canva.com/ja_jp/）では豊富なテンプレートが用意されているので、簡単にエンディング動画を作れます。作成手順は次のとおりです。

> ❶ Canvaのサイトへアクセスする
> ❷ 検索フォームで「YouTube　エンディング動画」と入力して検索
> ❸ テンプレートからイメージに合うものを選択する
> ❹ 文言などを変更して完成させる
> ❺ 右上のボタンから書き出して保存する

なお、アイキャッチやオープニング動画を作る場合は「YouTube アイキャッチ」などと検索してテンプレートを探します。

まずCanvaのサイトへアクセスします。初回アクセス時にユーザー登録を求められるので、未登録の場合は登録してログインしましょう。Googleアカウントを使用していると、自動でログインを行って認証コードが送信されます。

サイト上部の検索フォームで「YouTube　エンディング動画」と入力して検索します。YouTubeのエンディング動画用テンプレートが一覧表示されます。テンプレートからイメージに合うデザインを選択します。なお、テンプレートによっては有料素材が含まれていて無償利用できないものもあります。

● **検索フォームで検索して、テンプレートを選択**

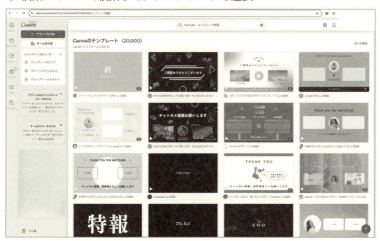

エンディング動画だけでなく、アイキャッチなどもテンプレートから作成してみましょう！

チャンネルに合わせて文言を変更して、エンディングを完成させます。

● エンディング完成

動画が完成したら、画面上の「共有」ボタンをクリックして表示されるメニューから「ダウンロード」を選択して保存します。

● ダウンロードして保存する

Column 4

YouTube の終了画面の設定方法

　YouTube の終了画面の設定方法を紹介します。終了画面とは、動画の最後に出てくるチャンネル登録ボタンや、次の動画への誘導の画面です。

　終了画面を設定することで、ユーザーにチャンネル登録を訴求できたり、動画の回遊をしてもらいやすくなります。クライアントに提案することもできるのでぜひ覚えてください！

終了画面の設定方法

　終了画面は、動画アップロード時に同時に設定できます。まず、動画をアップロードして、「動画の要素」の段階で「終了画面の追加」の「追加」を選択します。

手順1 「終了画面の追加」を選択

選択する

　終了画面の設定画面が表示されます。終了画面のタイプを選択して下のスライドバーの位置を一番右までずらします。

（次頁に続く）

193

手順2 終了画面のタイプを選択してバーの位置を一番右にする

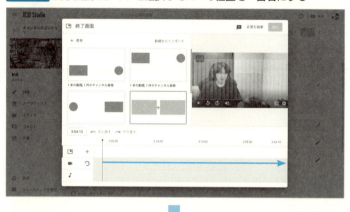

　手順2 のバーの位置を変えることで、終了画面を動画の一番最後に表示させることができるようになります。
　なお、アップロード済みの動画に後から終了画面を追加することも可能です。YouTube studio の「設定」から終了画面の追加ができます。なお、短すぎる動画には終了画面は追加できないので注意してください。

9時限目 サムネを作ってみよう

サムネイルは動画の顔ともいうべきものです。Photoshopの使い方から色のイメージまで解説します。

01 サムネイルを作るためのPhotoshopの基本

動画のサムネイルを作成するために、Photoshopの基礎操作を学んでいきます。実際に簡単なサムネイルを作りながらPhotoshopの機能を学んでいきましょう。

1 動画サムネイルの作成

次の手順で動画のサムネイル画像を作成します。

① Premiere Proでサムネイル用写真を書き出す
② Photoshopで新規プリセットの作成
③ Photoshopでサムネ画像の拡大・縮小を行う
④ テキストツールで文字を入力する
⑤ テキストに装飾をつける
⑥ Photoshopで画像を書き出す

サムネイルは、Premiere Proで書き出した画像をPhotoshopで加工して作成します。

①Premiere Proでサムネイル用写真を書き出す

まず、Premiere Proの画面でサムネイルに使う画像を選び、書き出します。

スクリーンショットを用いるのではなく、Premiere Proの「**フレーム書き出し**」という機能を使います。書き出しの際はPNGやJPEG形式で書き出します。

● サムネイル用の写真を書き出す

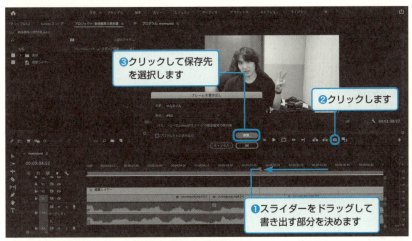

動画のスライダー（■）を移動させて、サムネイル用に書き出す画面の位置に移動させます。

次にフレーム書き出しのアイコン（■）をクリックします。「フレームを書き出し」ウィンドウが表示されたら「名前」に任意の名称、「形式」はJPEGかPNGを選択します。「参照」ボタンをクリックすると画像の保存先を設定できます。

フレーム書き出しはそのシーン自体を書き出すので、そのシーンにテロップなどがある場合は、テロップのレイヤーを非表示にしてから書き出してください。また、フレーム書き出しのアイコンが表示されていない場合は、ボタンエディターをクリックして表示させることができます。

サムネイル用の写真は、登場人物の表情が分かりやすいところを切り取るイメージで用意しましょう。

②Photoshopで新規プリセットの作成

　Photoshopを起動して、画面左の「新規作成」からプリセットを作成していきます。

● 新規プリセットの作成

　「プリセットの詳細」の設定をしていきます。

● プリセットの詳細を設定

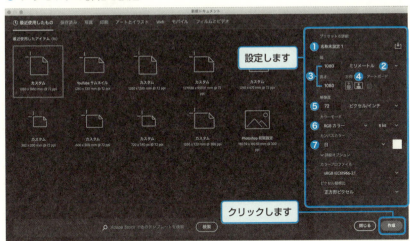

❶ではプリセットの名称を設定(例えば「YouTube」など)しておきます。❷では画像の単位を設定します。初期状態ではミリメートルになっていますが「ピクセル」に変更します。❸では画像の大きさ(幅と高さ)を設定します。ここでは幅1280ピクセル、高さ720ピクセルに設定しました。❹では画像の向きを設定します(例では横向き)。❺は画像の解像度を設定します。1インチあたりのピクセル数で設定しますが、72のままで大丈夫です。❻ではカラーモードを選択します。初期状態のRGBカラーにしてください。❼カンバスカラーの設定は「白」のままで大丈夫です。

すべての設定が完了したら「作成」ボタンをクリックします。

2 画像を編集する

③Photoshopでサムネ画像の拡大・縮小を行う

　サムネイルは多くの場合、「話者の姿＋文字」で構成されています。この工程ではそのような素材をPhotoshopに挿入していきます。
　Photoshopの画面へ、先ほどPremiere Proで書き出した画像をドラッグ＆ドロップして追加します。

● Photoshop 画面を開く

● ドラッグ＆ドロップで画像を配置する

「自由変形」ツール（ Ctrl + T キー）で、画像の大きさを変更します。

● 写真の大きさを変更

画像の拡大縮小は「スマートオブジェクト」で行いますが、この状態ではサイズの変更しかできません。文字を入れたりする編集はできないため、大きさの変更が完了したらレイヤーをラスタライズ（ビットマップ化）します。ラスタライズは素材の上で右クリックして表示されたメニューで「レイヤーをラスタライズ」を選択して行います。

● ラスタライズ

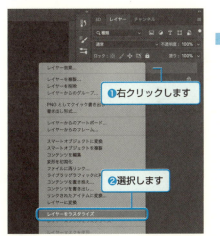

なお、ラスタライズしてから画像の拡大縮小を繰り返すと画質が荒くなるので注意してください。

④テキストツールで文字を入力する

Photoshopのツールバーでテキストツール（T）を選択して、サムネイルに表示する文字を入力します。例では「動画編集者　やるべきこと」としました。

● テキストツールで文字を入力する

入力した文字の大きさを変えたり、色やフォントを変えたりできます。

テキストツールの操作方法は、基本的にPremiere Proと同じです。文字を入力し、文字枠のサイズ変更はマウスで調整できます（Command＋Tキー）。

文字色の変更も可能です。文字の一部だけ色を変えたい場合は、その部分だけ選択して色を変えることも可能です。

● 文字の色やフォントを変更する

⑤ テキストに装飾をつける

　単純に文字を入れただけでは、サムネイルとしての視認性が低いので、ストロークや光彩をテキストにつけていきましょう。ここでは文字にストローク（縁取り）の白をつけてみました。

　テキストをダブルクリックすると「レイヤースタイル」が表示されます。ストロークを設定するには、「スタイル」の「境界線」をチェックします。

● レイヤースタイルの表示

● テキストに装飾をつける

　ツールバーは長押しすると色々なツールが出てくるので、ぜひ試してみてください！

3　Photoshopで画像を書き出す

⑥Photoshopで画像を書き出す

　文字の装飾などが完了したら、最後にサムネイルを書き出ししていきましょう。

　書き出しは「ファイル」メニューの「書き出し」→「Web用に保存（従来）」を選択して行います。

● 画像の書き出し

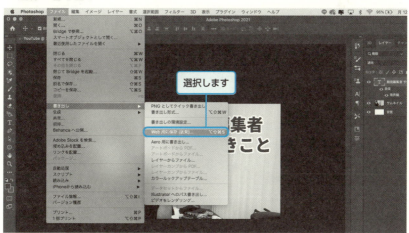

　プリセットを「PNG-24」に設定し、画像サイズなどを確認します。問題なければ「保存」ボタンをクリックします。

● 画像形式やサイズを確認

ファイルの保存場所は、コンピュータ上とクラウド上のいずれかを選択できます。コンピューターに保存する場合は、保存場所を選択できるので、分かりやすい名前、保存場所にしておきましょう。

● 保存場所の確認

これでサムネイル作成の一連の流れは終わりです。

なお、Photoshopでファイルを保存する場合は「ファイル」メニューから「保存」を選択します。

再び同じサムネイルを作成・編集する場合は、いま作ったファイルを開くか、最近使ったファイルの場合はPhotoshopの履歴に表示されるので、そこからファイルを開くことも可能です。

サムネイル作成方法を学ぶとともに、Photoshopの基本的な使い方もマスターできたはずです！

ここがポイント

- サムネイルの素材は、Premiere Proで静止画の書き出しをして用意する
- サムネイル画像の編集はPhotoshopで行う
- サムネイル作成用のプリセットを作ろう

Column 5

サムネイルのギャラリーサイト SAMUNE

サムネイルのギャラリーサイトを紹介します。カテゴリー分けされていてとても分かりやすいので、ぜひデザインの参考にしてみてください。

SAMUNEとは？

　SAMUNE（https://thumbnail-gallery.net/）は、目を惹かれる良質なデザインのサムネイルを集めたギャラリーサイトです。

　サイト内の気になったサムネイルをクリックすれば、そのYouTube動画を直接見に行くこともできます。デザイン面に特化したサイトなので、普段見ないようなYouTubeのジャンルのサムネイルでも簡単にリサーチすることが可能です。

　サムネイルの練習では、このような良質なデザインを完コピすることから始めてみるといいでしょう！

02 色相環に基づく配色デザインのルール

サムネイルを作るにあたって覚えておきたいデザインのルールについて解説していきます。デザインはセンスではなく論理的に考えることができるものなので、ぜひマスターしましょう！

1 情報を正しく円滑に伝えるためのデザイン

デザインとは「**情報を正しく円滑に伝達するためのもの**」です。

YouTubeのサムネイルでは、正しくその動画の内容やブランドイメージを伝えるためのものと認識していきましょう！

「かっこいいもの」「おしゃれなもの」を作るのでなく、適切に情報を伝達することが大切です。

それでは、どのようにデザインを考えればいいのでしょうか？

デザインを考えるときは「**色相環**」に基づく配色が大切です。デザインに関する知識がない場合は、これから解説する内容を元にデザインを組み立てていってください！

色同士の相性と、色が持つイメージなどを加味すると、伝わりやすいデザインになりますよ！

2 「補色」の組み合わせで見栄えと視認性を確保

　サムネイルでは「補色」と呼ばれる色の組み合わせを使い、2色以下の構成でデザインを組むと、見栄えと視認性を確保できます。

　色は、色相環の中で離れているほどマッチし、遠くもなく近くもない微妙な色は合わないという特徴があります。例えば「Tポイント／Tカード」(http://tsite.jp/)や「マクドナルド」(https://www.mcdonalds.co.jp/)のロゴの配色などがそうです。

　また色相環上を3分割する位置の3つの色を使った「**トライアド配色**」を用いても、安定感のある配色になります。

● 補色の組み合わせ

補色
サムネイルでは**補色**の組み合わせを使い、
2色以下の構成でデザインすると
見栄えと視認性を確保できる

色相環

トライアド配色
色相環上を3分割する位置の色を
組み合わせると、安定した配色になる

2色の配色の色味で「何か物足りない」と感じる人も多いかと思います。それは「情報量」が足りないときです。その場合は次の説明を参考に情報量を少し足していきましょう！

①近似色で色を足す

近似色は色相環で隣同士の色です。近似色を用いれば、あまり邪魔にならずに色を足すことができます。

②情報量を無彩色で足す

無彩色とは「黒」「白」「グレー」のことです。足しても邪魔にならない色として覚えておきましょう。

次の例では、上の元画像の状態だと少し情報が足りない感じがします。そこで、下の画像のように人物の背景を近似色に変更し、「情報量」の背景部分を無彩色にして画像全体の情報量を上げてみました。

● 情報量が足りない画像（上）に補色や無彩色などの邪魔にならない色を足す（下）

また「メイン情報」と「サブ情報」を色で区別することも大切です。メイン情報とサブ情報の大きさを「メイン＞サブ」にするとデザイン的に安定します。

① **面積の比率を「メイン＞サブ」にする**
② **サブ情報の色のトーンを調整する**

例外として、対比表現など両方見せたい場合は２色構造での対比などをして分かりやすく強調していきましょう。

● 対比表現

闇雲に色を足して情報を増やすのではなく、意味を考えながら配色を使いこなしましょう。

3　色が持つイメージを意識する

次のように、色が持つ「イメージ」を意識してデザインしましょう。

> 赤：情熱、血、怒り、炎
> 青：冷静、氷、恐怖
> 黄：危険、光、雷、卵黄
> 緑：木、植物、ワカメ
> 桃：スケベ

一般的に「〇〇は何色だよね」という共通の認識に色を合わせることが重要です。意味と色がちぐはぐだと認識に時間がかかってしまいます。

そのようなミスをしないようにデザインを考えてください。

● 色が持つイメージ

また、同じ色味でも彩度によって「ビビッドカラー」と「パステルカラー」に分類することができます。それぞれの特徴を次にまとめたので、ぜひ参考にして色を選んでください！

・ビビッドカラー
　ビビッドカラーは色の主張が強く、よく目立つ色です。子供向けコンテンツでよく使われます。YouTubeでもよく使われる色です。

・パステルカラー
　パステルカラーは淡く、優しい色です。女性向けコンテンツでよく使われます。雑誌の背景やVlogでよく使われる色です。

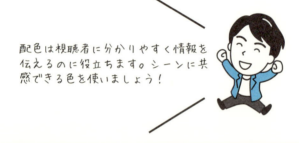

配色は視聴者に分かりやすく情報を伝えるのに役立ちます。シーンに共感できる色を使いましょう！

ここがポイント

- デザインは情報を正しく円滑に伝えるためのもの
- デザインを考えるときは、色相環を元に補色の組み合わせで考える
- 色の持つイメージを上手く使ってデザインすると良い

03 見やすさが大きく変わる、文字組みと配置

ここではサムネイルを作成する際の「文字の配置方法」について解説していきます。文字の置き方1つで見やすさが変わるので、意識してみてください！

1 動画視聴者の「視点の移動」を意識する

動画視聴者の視点の移動は、サムネイルの場合「Z」の形で行われます。サムネイルは基本的に横書きで文字を入れることが多いのですが、画面上で文字の置ける場所が少なくなってもZは必ず守って文字を考えるようにしてください！

● 視点移動

視聴者の視線の動きはZ字形になるのが一般的

また、文字と写真の位置も重要です。

左上から見始めるので、画力が強いものを左側に配置するようにしましょう。例えば文字の方が力強い場合は文字を左に配置し、写真の方が力強い場合は写真を左に配置するという感じです。

> 文字の方がパワーが強い場合 ➡ 文字が左
> 写真の方がパワーが強い場合 ➡ 写真が左

2 バランスを考えた文字の組み方

次に「文字の組み方」について解説します。文字の組み方とは、簡単にいうと「文字のバランスの整え方」です。

Photoshop上で文字を移動させていると、ピンクの補助線が表示されます。これは、既にある素材や画面の中央に合うようにサポートしてくれる補助線です。

ピンクの補助線を使って次のことを意識して文字を配置してください。

> ・左寄せ、右寄せ
> ・余白の幅を揃える
> ・行間を揃える

文字全体を揃えたいときは、 Shift キーを押しながら文字のレイヤーをすべて選択して文字を移動させます。

稀にピンクの補助線が出ない場合もありますが、その際は目視で揃えていきましょう。

● サムネイルの文字は左か右に寄せ、間隔を揃える

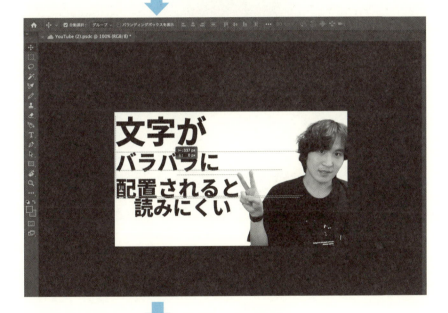

3 　整列を使った文字の揃え方

　「整列」機能を使ったオブジェクトの揃え方を解説します。基本的にはピンクの補助線を利用する方法で問題ありませんが、正確に揃えたい場合などは試してみてください。
　まず、オブジェクト（要素）を大まかに配置したい場所に並べます。

● 「整列」を使ったオブジェクトの揃え方

　次に、Shiftキーを押しながら、揃えたいオブジェクトが含まれるレイヤーをすべて選択します。
　画面上部のオプションバーの「水平方向に中央揃え」（ ■ ）をクリックし、その後「垂直方向に分布」（ ■ ）をクリックします。
　オブジェクトの中心を軸に揃え、等間隔に整列します。

● 「水平方向に中央揃え」した後、「垂直方向に分布」する

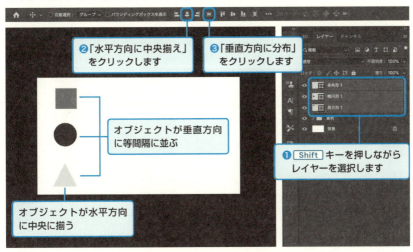

「レイヤー」パネルで新規グループ作成（ ■ ）をクリックします。次に Ctrl または Command キーを押しながら「グループ1」と「背景」をクリックします。「背景」を一緒に選択することで、カンバスに対して整列することができます。

● グループ1と背景レイヤーを選択

画面上部のオプションバーの「垂直方向に左揃え」（ ■ ）をクリックし、 Shift キーを押しながらピンクのガイド線で横幅を調整します。

●「垂直方向に左揃え」でオブジェクトをカンバスの左側に揃える

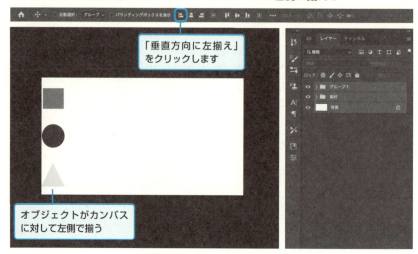

視聴者は数秒で視聴するかしないかを決める

　最後にポイントとして覚えておいてほしいことがあります。それは、「視聴者がサムネイルを見て動画を視聴するか決めるのにかかる時間はほんの数秒」であるということです。その数秒で訴求率を下げないように、意味のない文字や写真は入れず、配置した文字を見やすくすることが大切です。
　ぜひ意識して文字組みをしてみてください。

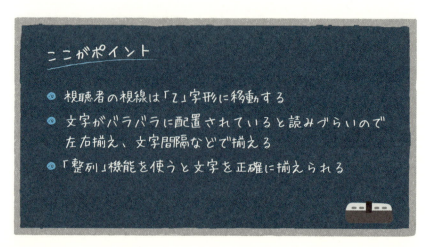

04 様々な視覚効果をつけられるレイヤースタイル

ここではPhotoshopのレイヤースタイルの使い方について細かく解説します。

1 レイヤースタイルの使い方

　Photoshopの「**レイヤースタイル**」を用いると、様々な視覚効果をテキストに適用できます。テキストの上でマウスをダブルクリックするとレイヤースタイルが表示されます。
　レイヤースタイルでどのような表現ができるのかを解説していきましょう！

①ベベルとエンボス

　「ベベルとエンボス」を用いると、ハイライトとシャドウの様々な組み合わせをレイヤーに追加できます。金属風の文字を作るときに使います。

● ベベルとエンボス

②輪郭

　ベベルとエンボスの「輪郭」では、ハイライトとシャドウの分布設定ができます。輪郭エディターでは様々なグラフ（画像では逆山形のようになっている部分）を選ぶことができるので、ぜひ色々なグラフを試してみてください。

● 輪郭

③テクスチャ

　ベベルとエンボスの「テクスチャ」を用いると、パターン・比率・深さの調整が可能です。

● テクスチャ

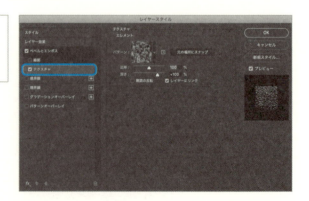

④境界線

「境界線」を用いると、テキストに境界線（縁取り）を追加できます。

● 境界線

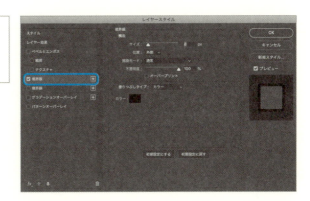

⑤シャドウ（内側）

「シャドウ（内側）」を用いると、エッジの内側にシャドウを追加し、文字がくぼんでいるように見せることができます。

● シャドウ（内側）

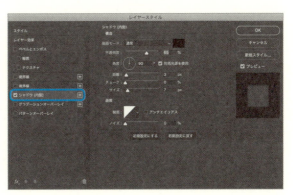

⑥光彩（内側）

「光彩（内側）」はエッジの内側に光を放射したような効果を追加します。

● 光彩（内側）

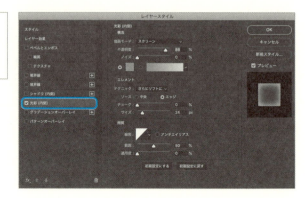

⑦サテン

「サテン」はレイヤーの形状に応じた陰影（特につや出し仕上げのような効果）をレイヤー内に適用します。複雑な色が作れます。

● サテン

⑧カラーオーバーレイ

「カラーオーバーレイ」は文字に色を追加できます。色、描画モード、不透明度の変更が可能です。

● カラーオーバーレイ

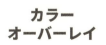

⑨グラデーションオーバーレイ

「グラデーションオーバーレイ」を用いると、文字にグラデーション効果（色の色調・明暗を徐々に変化させること）を追加できます。描画モード、不透明度に加えてグラデーション色、方向、スタイル、角度、比率、の変更が可能です。

● グラデーションオーバーレイ

⑩ パターンオーバーレイ

「パターンオーバーレイ」はレイヤーオブジェクトにパターンを追加することができます。パターン、描画モード、不透明度などの調整が可能です。

新しいパターンを追加するには、パターン元となる画像をPhotoshopで開いて、「メニュー」から「編集」➡「パターンを定義」を選択し、任意のパターン名を入力するとパターンが登録されます。

● パターンオーバーレイ

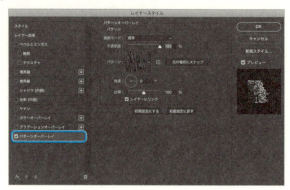

⑪ 光彩（外側）

「光彩（外側）」はエッジの外側に光を放射したような効果を追加できます。

● 光彩（外側）

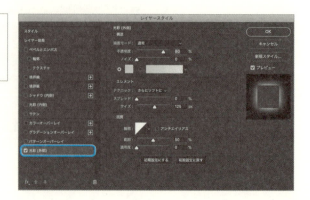

⑫ **ドロップシャドウ**

「ドロップシャドウ」は文字に影をつけることができます。

● ドロップシャドウ」

作成したレイヤースタイルは保存できます。

一からレイヤースタイルを作るのが手間な場合は「Photoshop レイヤースタイル」でWeb検索すると、様々なスタイルが公開されています。そういったものを活用するのもいいでしょう。

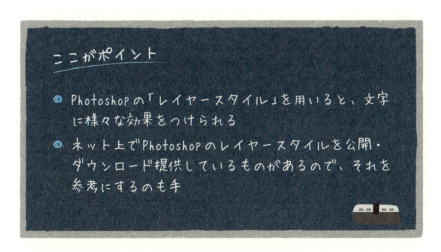

05 サムネ画像に必須 人物の切り抜き方

Photoshopでの、人物の切り抜き方を3つの方法で解説していきます。どの方法が一番便利か、考えながら学習してみてください！

1　人物を切り抜く3つの方法

　被写体を切り抜く作業は、サムネイル作成でとても重要な作業です。今回は人物を切り抜く方法を大きく次の3パターンに分けて解説していきます！

① 多角形選択ツール
② 自動選択ツール
③ remove.bg

　①②はPhotoshopの機能を用います。③はサイトを利用した方法です。それぞれの特徴と操作方法を見ていきましょう。

Photoshopの機能を使って被写体を切り抜く方法を身につけましょう。また、解像度が落ちますがサイトを利用する方法もあります。

2　多角形選択ツールと自動選択ツール

①多角形選択ツール

「**多角形選択ツール**」を用いると、選択したい範囲をペンで囲んで、その範囲を消すことができます。

選択した範囲の中をくり抜いてくれる機能なのですが、範囲を選択したあとに右クリックして「選択範囲を反転」を選択することで、逆に選択した範囲のみを残すことができます。

人物をくり抜く際は、多角形選択ツールで人物を選択します。

● 多角形選択ツールで人物を選択

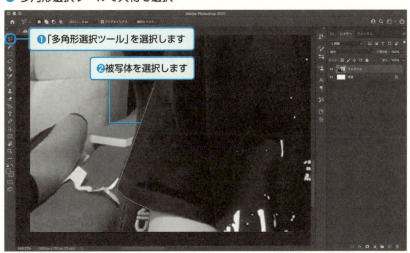

次に右クリックして「選択範囲を反転」を選択します。

● 選択範囲を反転

人物以外が選択された状態になるので、選択範囲を削除します。すると、画面上に人物だけが残ります。選択が甘かった部分は消しゴムツールなどを使ってきれいにしていきます。

● 選択範囲を削除

説明を参考にしながら被写体を切り抜いてみてください。ポイント

を次にまとめたので参考にしてみてください。

> ・被写体を切り抜くときには、画像を拡大してから切り抜きましょう。なお、作業途中で拡大率を変えられないので注意してください
> ・少し内側に深く切っていくと、うまく切り抜けます
> ・残ってしまった部分は消しゴムツールを使って整えましょう

②自動選択ツール

「自動選択ツール」では「被写体を選択」を利用していきます。

「被写体を選択」はPhotoshopが写真の中から自動的に被写体を選択してくれて、とても便利な機能です。画像内の被写体を選択して、選択範囲の反転をして削除していきます。

ツールバーの「自動選択ツール」を選択し、画面上部のオプションバーから「被写体を選択」を選択します。

● 自動選択ツールで人物を選択

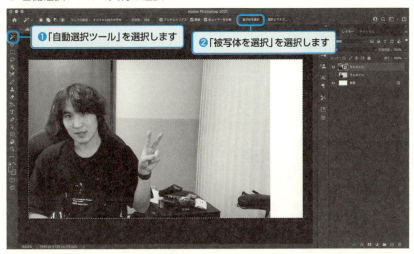

画像内の被写体を選択した後、選択範囲を反転します。人物以外が選択された状態になるので削除します。

● 選択範囲を反転

　選択が甘く残った部分は、多角形選択ツールや消しゴムツールを使って削除してください。

● 選択範囲を削除

3　remove.bg

「remove.bg」(https://www.remove.bg/ja) は、画像の背景を削除する作業を自動で行ってくれるサイトです。とても簡単に利用できますが、画像の解像度が少し下がるのでその点に注意してください。

使い方は、背景を削除したい画像をサイトにドラッグ＆ドロップでアップロードし、処理後の画像をダウンロードするだけです。

● remove.bg（https://www.remove.bg/ja）

紹介した方法を簡単にまとめます。

　切り抜き対象が人の場合は、「自動選択ツール」か「remove.bg」を利用するのがいいでしょう。

　切り抜き対象が人以外の場合は、「多角形選択ツール」か「自動選択ツール」を用いるのがいいでしょう。

　さらに、細かい部分の削除では「多角形選択ツール」や「消しゴムツール」を用います。

　用途に合わせて方法を選択してください。

- **対象が人の場合**
  自動選択ツール
  remove.bg
- **対象が人以外の場合**
  多角形選択ツール
  自動選択ツール
- **細かい部分の削除**
  多角形選択ツールや消しゴムツール

ここがポイント

- 人物の切り抜き方法は3パターンある
- Photoshopで切り抜きを行う場合は「多角形選択ツール」か「自動選択ツール」を利用する
- 背景を自動削除してくれる「remove.bg」を用いることも可能

10時限目 プラスαの編集者になろう

動画編集のテクニックを一通りマスターしたら、さらにクライアントの期待に応えられる編集者になりましょう！

01 「長く見られる動画」の指標、視聴維持率

ここでは視聴維持率についてや、動画編集とは何なのかという初歩的な問題から考えていきます！

1 「良い動画」とは

　「良い動画」を作る上で、そもそも動画編集という作業は何なのかを考えていきましょう。

　動画編集は素材のカット、テロップ、BGM、SEなど挿入を行う一連の作業ですが、それは何のためにするのでしょうか。

　結論から言うとそれは「**リスナー（視聴者）に見てもらうため**」、そして強いて言えば「**再生数やYouTubeからの収益を伸ばすため（収益のため）**」なのです。

　YouTubeはそのアルゴリズム的に「長く見られる動画」を推奨しています。その最終目的を達成するために、動画編集者は動画を視聴者に最後まで見させる工夫をすることが必要なのです。

素材（動画）を、視聴者が見やすい動画に作り変えること。それが動画編集者の仕事です！

> **補足** **YouTubeのアルゴリズムとは**
> YouTubeでは、投稿された動画が一定の条件を満たすと、おすすめ
> として他のユーザーに表示されます。この「一定の条件」を判断する
> ために用いられるのが、YouTubeのアルゴリズムです。

　ある動画が長く見られているかは、YouTubeアナリティクスの「**視聴者維持率**」という指標でわかります。クライアントから視聴者維持率を見せてもらえる場合は、ぜひ確認してみてください。

　視聴維持率を高め、最後まで見させる動画編集について、要素ごとに解説していきます。クライアントに提案する際にも役立つ内容なので、ぜひよく読み解いてみてください。

2　適切な尺（時間の長さ）

　YouTube動画はどのぐらいの尺（時間の長さ）が一番適切なのでしょうか。YouTubeでは、8分を超えると自分の好きなタイミングで好きな数の広告を挿入できるようになっています（記事執筆時点）。しかし、尺稼ぎのために間延びした動画になるのは悪手です。

　例えば、クライアントから「**8分を超えるように編集してほしい**」と依頼を受けたとします。依頼に応じてなんとか9分の動画を作成しましたが、素材が足りず間延びした映像になってしまいました。そうなると動画の視聴維持率が落ち、離脱が起きてしまいます。結果としておすすめに表示されず、広告も見てもらえず、広告単価も下がる動画になってしまうというわけです。

　このような流れを見ていると、**間延びした長い動画よりも、多少短くても見られる動画の方が良い**ということが分かると思います。

　意識すべきは動画の「再生時間」です。「動画のテンポ＞8分」と考えていきましょう。カットすべき点をカットして動画の長さが8分を超えなかったら仕方がない、テンポが大切と考える思考を持ちましょう！

3　動画のテンポを上げる要素

「**動画のテンポ**」とは、動画に変化をつけることです。人は「**変化を認識すると体感時間が短くなる**」ため、動画を最後まで見てもらいやすくなります。

動画のテンポを上げる要素は次のとおりです。

①カット

不要な無音部分をカットして、無音の瞬間がないような動画にすることで、視聴者を飽きさせないようにします。

②画角変更

テレビ番組では、複数のカメラを切り替えて画角を変更し、視覚的な変化を与えて視聴者を飽きさせないための工夫をしています。テレビではCMを見てもらうためにこのような工夫が重要です。

YouTube動画では「**スケール変更**」で変化させます。

③BGM、SE切り替え

場面によってBGMやSEを変化させると動画のテンポが良くなります。音も、テンポを左右する重要な要素です。

SE挿入の際はテンポを邪魔しないように気をつけ、また同じSEを多用しないように注意してください。

④場面切り替え

画像や枠線を動画内に入れることで、簡単に動画のテンポを変えることができます。

YouTubeで多用しているのは「**しゅんダイアリー就活チャンネル**」（https://www.youtube.com/channel/UCdo3Z5oFt04IDMjpjaXN5hw）さんや「**あさぎーにょ**」（https://www.youtube.com/channel/UCqD72KlQed6DB-cPEaEYdEg）さんがよく知られています。

238

⑤色調

色調を変化させることでもテンポが出ます。9時限目02で解説したように感情と色味は関係がありますので、シーンに応じた色調補正を行って動画にテンポを出していきましょう。

⑥B-roll

B-roll（ビーロール）とはサブカットの意味です。メインの映像にサブ映像をビデオトランジションや1枚画で挟み込み、テンポをつけます。HikakinTV（https://www.youtube.com/user/HIKAKINTV）の「ぶーんぶん」などが有名です。

このように、動画のテンポを上げる方法はたくさんあります。ぜひ活用してみてください！

4　ターゲットに合わせたテンポにする

ここまでテンポを早くする方法を紹介してきましたが、テンポが早いだけが良い動画ではありません。結論からいうと、ターゲットに合わせたテンポにすることが大切です。

喋り系の動画では、動画のテンポは次の2パターンに分けられることが多いです。

> **テンポが速い：年齢層低。集中力なし。リテラシー低**
> **テンポが緩い：年齢層高。集中力あり。リテラシー高**

同一ジャンルの動画でも、ターゲット視聴者層によってテンポ感を変えることが重要です。指標はアナリティクスで分析しましょう。

編集としては次のように分類して考えることができます。

> 状況に応じたテロップの使い分け
> **エンタメ系：ぶつ切り、擬音も入れる**
> 画面変化を使い、飽きさせないため
> **教育系：要約、図解を用いる**
> 話が難解であるという理由で離脱されないようにするため

動画編集者も、この動画のターゲットは誰なのかという「マーケティング的な考え方」を持ち、編集をすることが大切になっていきます。発注者・クライアント側の視点に立った動画編集を心がけましょう。

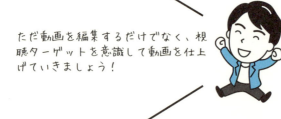

ただ動画を編集するだけでなく、視聴ターゲットを意識して動画を仕上げていきましょう！

ここがポイント

- YouTubeアルゴリズム的には、良い動画とは「視聴維持率」の高い動画である
- 動画は適切な長さ（尺）を心がける
- 視聴者を飽きさせないためにはテンポが重要
- テンポをつけるには様々なテクニックがある

YouTuberのランキングサイト「ユーチュラ」活用法

ここではYouTuberのランキングなどが見られる面白いサイト「ユーチュラ」を紹介します。

ユーチュラは簡単にいうと、日本のYouTubeチャンネルのランキングとニュースを載せているサイトです。

YouTube専門のウェブサイトとしては国内最大規模で、ランキングページでは、YouTubeチャンネルを定期的にチェックし、登録者数や再生回数などの統計データを随時公開しています。

● ユーチュラ｜YouTubeランキング（https://ytranking.net/）

ユーチュラの活用方法

ユーチュラの活用方法は沢山あるのですが、今回は2つ紹介します。

> ・ライバルYouTuberの登録者推移をチェックする

ユーチュラでライバルのチャンネルを検索すれば、登録者数や動画再生数などを簡単に把握することができます。

登録者数が急増している場合に新作動画を回覧して参考にするなど、ライバルの動きを効果的に知ることも可能です。動画ネタの面白さを追求するだけでなく、こうした数

（次頁に続く）

値データを分析し、仮説を立てて試行錯誤することも YouTuber や動画編集者として必要なスキルになっていきます。

・伸びる分野を予測する

　ユーチュラで月間登録者増加率ランキングを見ることで、どのジャンル、誰の動画が伸びているかの分析ができます。またユーチュラでは、駆け出し YouTuber で多くの人が知らないようなチャンネルを探すこともできます。

● 月間登録者増加率ランキング
（https://yutura.net/ranking/mon/?mode=subscriber_rate&date=202412）

　ユーチュラの分析機能を上手に活用し、クライアントの売上アップに貢献しましょう。

02 クリック率を上げる サムネとは

ここではサムネイルのクリック率についての考え方を分かりやすく解説していきます！

1 サムネイルの役割

　サムネイルの役割は、動画の顔として他の動画を差し置いてその動画を選んでもらうことです。

　そのためには、次のような「動画の内容が気になる！」状態を作ることが大切です。

・何が起きているんだろう？
・どんなノウハウなのだろう？

　しかし、サムネイルは「クリックさせたらおしまい」ではありません。動画の中身に連動したサムネになっている必要があります。サムネイルと動画の内容が明らかに食い違っているいわゆる「釣り」は、視聴者の離脱の原因になります。絶対に避けるように注意してください。

　サムネイルは、「動画を作る前に作っておくのがベスト」とも言われています。あらかじめサムネイルすべてを作れなくても、文言だけでも作っておくのがおすすめです。サムネイルが決まっていると動画撮影者も動画が作りやすく、編集者も編集しやすいためです。

2 「目にとまるサムネ」「訴求力があるテキスト」

　では、クリック率が上がる、視聴者に見たいと思わせるサムネイルは、どのようなデザインでしょうか？

それは「目にとまるサムネ」であり「訴求力のあるテキストが含まれているサムネ」です。画的にインパクトがあったり、テキストで気になったらクリックしてしまいますよね？

- 新情報が含まれている
- その動画で何が得られるのか分かる
- 見ないと損することを伝えている

などの要素が含まれていると、クリック率が上がります。
　逆に言えば、上記を満たしていないサムネイルはクリックされません。サムネイル作成をするときは、次のような要素をなくすようにしましょう。

- 地味
- 全体的に暗い、埋もれている
- テキストに訴求力がない

　サムネイル制作は、デザイン的にカッコいいものを作ることではありません。内容を正しく視聴者に伝え、動画を見てもらうように促すことを忘れずに心がけておきましょう！

ここがポイント

- 「他の動画よりもこの動画を見てもらうこと」がサムネイルの役割
- 目を引く写真、興味を引くテキストをサムネイルに盛り込むのがクリック率向上のポイント
- 地味や暗い画面、訴求力のないテキストは避ける

Column 7

急上昇の仕組みとは

　ここでは YouTube の急上昇の仕組みについて紹介していきます！
　急上昇ランキングの仕組みが分からない、クライアントの動画を急上昇ランキングにランクインさせたいという方はぜひ参考にしてください。

YouTube の急上昇ランキングとは

　YouTube の急上昇ランキングとは、YouTube のトップページから閲覧できる、その時点で話題になっているおすすめ動画のことです。
　急上昇ランキングを確認する方法は次の通りです。

① **YouTube を開き、左のメニューから探索をクリック**
② **画面上にその時々の急上昇動画が表示される**

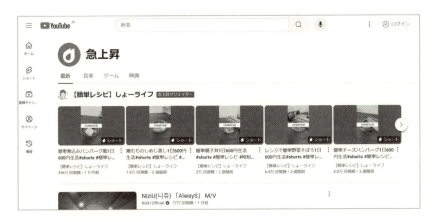

　急上昇ランキングは YouTube の仕組みに基づき、YouTube が選定しており、こちらのリストは 15 分ごとに入れ替わっています。
　なお、急上昇ランキングには最新の急上昇動画が 50 本、音楽の急上昇動画が約 30 本、ゲームの急上昇動画が約 50 本、映画の急上昇動画が約 20 本掲載されています。
　この急上昇ランキングに掲載されると、そこから多くのインプレッションが獲得でき、実際に動画の視聴回数もさらに大きく増加します。

（次頁に続く）

急上昇ランキングにおいて重視される要素

急上昇ランキングにおいて重視される要素は、YouTube が公式 (https://support. google.com/youtube/answer/7239739?hl=ja) に次の 5 要素であると発表しています。

- ・幅広い視聴者にとって魅力的である
- ・誤解を招く動画やクリックベイトまがい、または扇情的なサムネイルやタイトルでない
- ・YouTube や世界のトレンドを取り上げている
- ・クリエイターの多様性を表している
- ・驚きや目新しさがある

急上昇ランキングにおいて重視される指標

また、上記の 5 要素を総合的に評価するために、次の 5 つの指標が重視されていると発表されています。

- ・視聴回数
- ・動画の視聴回数の伸びの速さ（現在話題になっているか）
- ・視聴された地域（YouTube 以外のソースを含む）
- ・動画の新しさ
- ・同じチャンネルから最近アップロードされた他の動画と比べたパフォーマンス

意図的に急上昇に乗せられるように参考にしてみてください！

11時限目 実務作業と効率化

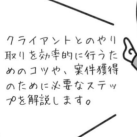

クライアントとのやり取りを効率的に行うためのコツや、案件獲得のために必要なステップを解説します。

01 動画編集者に求められていること

動画編集者に求められていることを要素に分けて解説していきます！

1 既存動画を完コピする能力

　クライアントから動画編集を依頼されるとき、多くの場合は既にYouTube活動をしているアカウントの動画編集を依頼されることが多いです。

　その際に求められるのは「完コピ（完全に真似て再現すること）能力」です。動画編集者が変わったその日から、動画のテイストがガラっと変わったらとてつもない違和感が生じます。そのため「完コピ能力のある編集者」が重宝されるのです。

　完コピする際の注意点として次のことに注意してください。

> ・「似てる」ではなく「完コピ」
> ・テロップが1mm以上ズレたらアウト
> ・フォントの色や種類も数字で管理して一切ズレないように

　こういったことを徹底できる動画編集者は本当に少数です。依頼された動画制作で、動画編集者が勝手にオリジナリティを出すとクライアントのチャンネルのブランディングを崩壊させます。

　とにかく徹底的に完コピにこだわってください。

2 負担にならないコミュニケーションを心がける

　突然ですが、次の2つの文を読んでみてください。動画編集者がクライアントに送った質問メッセージを想定しています。

Ａ

BGMも挿入いたしますか？　挿入する場合はどういう曲が良いか教えていただきたいです。よろしくお願いいたします。

Ｂ

【質問】
BGMの挿入はいたしますか？
もしご希望のBGMがありましたらご教示ください。
ご希望がない場合、以下の3曲を提案いたしますのでご指定ください。

① 曲Ａ
② 曲Ｂ
③ 曲Ｃ

以上ご回答よろしくお願いいたします。

　クライアントの立場で考えて、どちらの方が返答しやすいでしょうか？

　Ｂの質問文には、「BGMを挿入するか」「挿入する場合は希望の曲はあるか」「挿入するが希望の曲がない場合は次の3曲から選んでほしい」と、クライアントの回答のパターンごとにネクストアクションが記載されています。こうすることで、クライアント側とのコミュニケーション回数が少なくなるように考えられています。そのためＢの方が「相手の時間」を奪わない良い質問だと言えます。

　クライアントとコミュニケーションを取る場合は、報連相（報告・連絡・相談）はもちろんのこと、なるべく相手に時間を取らせないような文章を意識して作りましょう。これは文章力ではなく、いかに相手に配慮しているかという配慮力の問題です。ぜひ意識してみてください！

249

3　マーケティングを動画編集に落とし込む力

　クライアントが伝えたいことを理解して、動画で最大限伝えられる編集者になるにはどうしたらいいでしょうか。
　マーケティングと大きく括り「難しそう」と遠ざけるのではなく、一つひとつ噛み砕いて理解しましょう。

> ・この動画で伝えたいことはなんなのか
> ・文節ではない場所で言葉を切ってしまっていないか
> ・要約しすぎたり、補足が不十分で読みにくい文章になっていないか
> ・SEやBGMが視聴者に与える感情や印象は演者の意図とズレていないか
> ・特に伝えたい要素を編集時点で強調できているかどうか

　自分が視聴者として動画を見た場合、上記のような認識のずれがなく受け取れる編集になっているか。これを意識して編集するだけでも、かなり変化があり、重宝される編集者になれます。

相手に返事を考えさせるのではなく、選ばせるようにする癖をつけると、仕事がスムーズに進みますよ！

ここがポイント

- 動画編集の仕事を受ける場合、クライアントの既存動画を真似る「完コピ」能力が必要
- クライアントとコミュニケーションを取る場合、相手の時間を奪わないことを心がけて配慮しよう

02 案件獲得までの具体的な流れ

ここでは案件獲得までの具体的な流れについて、7ステップで解説していきます。実際に副業として始める場合にぜひ活用してください！

1 案件獲得までの7ステップ

案件獲得までの具体的な流れを、次の❶から❻までの7ステップでまとめました。それぞれ詳しく解説しているので、一連の流れを把握して知識を深めてください。

案件獲得までの7ステップ
❶ サンプル動画を作る
❶ 営業文を作り、営業する
❷ ヒアリング
❸ 契約、納期や単価の設定
❹ 素材の受け取り
❺ 編集 ➡ 納品
❻ 報酬の受け取り

営業文の例文も用意したので、参考にしてみてください！

1つずつ解説していきます！

❶サンプル動画を作る

1時限目03でも解説しましたが、動画編集者として案件を獲得するためにサンプル動画を作成しましょう。

サンプル動画を見せることで、自分のスキルをクライアントにアピールできます。

サンプル動画作成のポイントは、有名YouTuberの動画を完コピす

ることです。完コピできるスキルがあれば、実際に案件を獲得した後の
編集作業でも同じクオリティで納品できるようになります！

❶営業文を作り、営業する

　サンプル動画を作成したら、営業文を作りましょう。営業文は最低
限のビジネスマナーを押さえていれば大丈夫です。
　具体的には次に注意して作成してください！

- ・本名、フルネームを使う
- ・段落をしっかり分ける
- ・クライアントが読みやすい文章にする
- ・余計な自己紹介は入れない

　クライアントが求めている内容をコンパクトにまとめて、しっかり
ビジネスマナーを守った文章を作っていきましょう。
　参考として営業文の雛形を載せておきます。あくまでテンプレなの
できちんと自分の色を出しましょう。

○○様

突然の連絡失礼致します。動画編集者の□□と申します。
この度○○様が××されたとのことで、動画編集をぜひとも担当させ
ていただきたく連絡させていただきました。

【自己紹介】
※自己紹介文を簡潔に記載してください

【ご提案内容】
YouTube編集を代行させていただきます。
それにより○○様は□□□□■□□□□■□□□□■を得られます。
※相手がどのような利益を得られるのかを書きましょう

252

※ご提案内容の中に「50%売上をあげられます」など確約できないことを書くのは控えましょう

【週可動可能時間】
20時間　納品可能本数3本
1本あたり、3日で納品可能

【強み】
・Vlog系の色調補正、テロップが得意です

【希望単価】
1本〇〇〇〇円前後（相談承ります）

【実績】
公開できる実績
・https://□□□□■□□□□■

【編集ソフト OS】
Adobe Premiere Pro
Mac OS

返信お待ちしております。

　なお「初心者ですが頑張ります」といった言葉は、発注側にマイナスイメージを与えてしまうので入れないように注意してください。
　サンプル動画と営業文ができたら営業開始です！
　最初はクラウドワークスやランサーズなどのクラウドソーシングで案件に応募してみるところから始めてみましょう。
　サンプル動画と営業文がきちんとしていれば必ず案件は獲得できます。1日10件応募を目標に営業していってください！

2 ヒアリング、契約、素材の受け取り

❷ヒアリング

　ヒアリングでは、仕事の範囲やクライアントから求められていることを確認していきましょう。

　仕事の範囲は、後でトラブルにならないように、次の条件などについて、あらかじめ設定しておくことが大事です。

- ・編集のみ？
- ・編集のイメージは？
- ・サムネとセット？
- ・アップロード作業もする？
- ・企画も考える？

　このとき、いくらクライアントが求めていても、自分ができないことがあればきちんと伝えましょう。

　ポイントとしては、次の内容などを共有し、自分ができないことも明確に伝えるといいでしょう。

- ・稼働時間
- ・対応できない時間
- ・編集のテイストは誰が考えるのか

❸契約、納期や単価の設定

　ヒアリングで仕事内容について確認したら、次は契約です。動画編集請け負いでは業務委託契約を結ぶ場合が多いです。

　契約の際に結ぶ項目は色々ありますが、重要なポイントは次の2点です。

```
・報酬額のルール
・締め日、支払日（○日締め○日払い）
```

業務委託契約書は、基本的には発注側が発行します。盲目的にサインをするのではなく、必ずきちんと読み込み、理解できない部分があれば自分で調べたり、クライアントに尋ねたりして確認しましょう！

❹素材の受け取り

動画素材を受け取る際は、必ずクライアントに「○○日までに納品します」と納期を確認しましょう。素材データの受け渡しは、多くはGoogleドライブやギガファイル便などで行います。

クライアントとのやり取りはLINE、Chatwork、Slackなど発注側が指定することが多いです。基本的にはクライアントが使用するツール・サービスに合わせましょう。

なお、素材などのデータファイルは、ファイルが大きくパソコンの内部ストレージを圧迫することもあるので、外付けSSDなどに保管しておくと便利です。まれに、納品後にクライアントから「あの動画をもらえますか」などということもあるため、ある程度の期間は保存しておくことをおすすめします！

3　編集、納品、報酬の受け取り

❺編集 ➡ 納品

まずは納期までに編集を完了させましょう。

クライアントとの関係性が浅いうちは、次のような中間報告（どこまで作業が進んだかや、いつ頃完了しそうかなど）をすると、安心してもらえます。次の文章は中間報告の例です。

【進捗報告】
お世話になっております。
現在の進捗報告をさせていただきます。

【進捗】
全体の〇〇%(テロップ入れ完了)

【提出目処】
明日の午前中に提出

引き続きよろしくお願いいたします。
(問題なければ返信には及びません)

　編集が完了したら、動画やサムネイルを書き出し、Googleドライブなどを使って納品します。納品報告は次のような感じです。納品データのリンクとともに、自分のYouTubeチャンネルへ動画をアップし、限定公開設定してクライアント（と自分）だけが見られる状態にして、リンクを記載しましょう。

【提出連絡】
お世話になっております。
『動画編集者の7step』の制作が完了したため提出いたします。
ご確認のほどよろしくお願いいたします。

▼確認用限定公開リンク
docs.google.com/yU/edit（リンク）

▼動画完成データ(MP4)
https://www.youtube.com/watch?v=xxxxxxxxxxx

　なお、次のようにファイル名に命名規則をつけておくと、動画の管

理がしやすくなります。

> 動画編集者の7step（初校）
> 動画編集者の7step（修正校）

❻報酬の受け取り

報酬の受け取りは、大きく分けて次の段取りです。

> ・請求書の作成と提出
> ・指定口座で報酬受け取り

　請求書は「freee会計」（https://www.freee.co.jp/）というサービスを使って作成すると非常に便利です。

　指定銀行ですが、基本的には手数料が安いネット銀行がおすすめです。有名なのは楽天銀行（https://www.rakuten-bank.co.jp/）やGMOあおぞらネット銀行（https://gmo-aozora.com/）です。

　最初の案件はクラウドソーシングサイトで受注することも多いでしょう。その場合は、出金手続きがスムーズに行えるよう、クラウドソーシングサイトに銀行の登録等をしておきましょう。

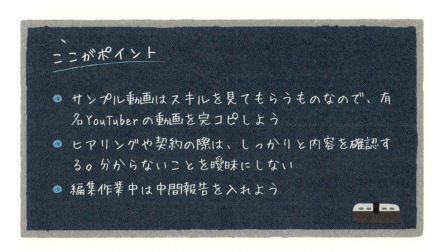

03 動画編集者として ミスを減らすために

作業にミスはつきものですが、そのミスは減らすことができます。ここでは動画編集者がよくやってしまうミスと、それを防ぐ方法を説明します。

1 動画編集者が仕事で注意されるミス一覧

動画編集のテクニックを身につけて、いざ実際に仕事の現場に出てきたときに、動画編集者がよく指摘されるミスをまとめました。

- カットがゆる過ぎる (発声開始にあっていないor語尾の後を残しすぎていて間延びしている感覚になる)
- カットを詰めすぎている (発声の子音が切れている)
- テロップが発声位置にあっていない
- シンプルな誤字脱字
- 動画ジャンルごとの専門用語のミス
- 強調テロップとSEの印象の不一致
- SEまたはBGMが大きい
- 図解がわかりづらい
- 動画ごとのマニュアルのルール漏れ
- 固有名詞や人の名前が間違っている

これらのミスは現場で頻発しています。

動画編集者として仕事を請け負った際に、この一覧と同じミスをしていないかを、動画提出前にチェックするだけでもかなり重宝される動画編集者になれます。

2 限りなく失敗を減らせる動画編集フロー

　よくあるミスを頭に入れて仕事をするのも大事ですが、「失敗を減らせる手順」に沿って動画編集をすることでミスを減らせます。

　次の流れに沿って動画編集を進めることで、限りなくミスをなくして納品することが可能です。

　実際に筆者の会社では次の手順（フロー）で編集をしてもらっています。

❶ 素材確認
❷ カット作業
❸ テロップ入れ
❹ 画角変化
❺ テロップ装飾
❻ 見出しテロップ挿入
❼ 効果音挿入
❽ BGM入れ
❾ 提出前チェック３周
❿ 提出

　上記の流れで編集を進めてください。

　普段の編集の工程を固定化することで、作業進行に無駄な悩みが発生しなくなります。また、自然と何周もチェックを挟むことになるので、初歩的な誤字などのミスが防げます。

YouTubeの
限定公開などの設定方法

　ここでは、クライアントに提案する際によく利用する、YouTubeの限定公開の設定方法について説明します。

プライバシー設定とは
　YouTubeで動画をアップロードする際、プライバシー設定（公開設定）をします。プライバシー設定は「公開」「限定公開」「非公開」の3段階から選択します。

　「公開」で設定すると、すべてのユーザーが投稿した動画を見ることができ、検索結果や関連動画の欄にも表示されます。

　「限定公開」に設定した動画は、検索結果や関連動画欄に表示されません。検索で動画が見つかる心配はありません。特定の人にだけに動画を見てほしいときは「限定公開」が適しています。URLにアクセスすることで動画を見ることができるので、動画を見せたい人にURLを教えてあげましょう。

　「非公開」は、指定したユーザーだけが視聴できる設定です。指定したユーザーとは、アップロードした人が登録したGoogleアカウントを持っているユーザーのことです。これも限定公開と同じく検索の結果や関連動画にも表示されません。仮になんらかの理由で動画のURLが分かっても、指定されていないユーザーは見られません。より強力なプライバシー設定ですので、絶対にクライアント以外に見せたくない動画であれば、非公開設定にしてクライアントのアカウントを指定しましょう。

　限定公開や非公開設定は、案件を受注し編集済みの動画を納品する際の確認段階として、動画を見てもらう際に使えます。

12時限目 動画編集者のその先

動画編集者としてやっていけるようになったら、収入アップに繋がる次のステップも考えてみましょう。

01 動画編集者の次のキャリア「動画ディレクター」

ここでは、動画編集者が次のキャリアとしてなることが多い動画ディレクターの仕事について分かりやすく解説していきます。

1 動画ディレクターとは

動画ディレクターの仕事は、一言で言うと「クライアントから得た案件を動画編集者に発注し、品質を担保すること」です。

主に次の3つを行います。

> ① 案件を受注
> ② クライアントとコミュニケーション
> ③ 動画編集者のチームを構築し、マネジメントする

企業で言う「中間管理職」のような存在が動画編集ディレクターです。自分では動画編集を行わず、クライアントと編集者の間に立って仲介を行う役割を担っています。

動画編集の仕事が増えてきたら、外注に出すようになります。それが自然なディレクターへの道です。

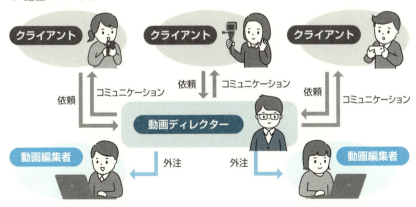

「動画を編集するという労働」ではなく「組織を作る」「人をマネジメントする」ことが業務内容なので、稼ぎの天井が高いのが特徴です。

動画編集者の場合は月5万～30万円が相場なのに比べて、動画ディレクターは月5万～100万円くらいまで目指せます。

当初は動画編集者だった人が、徐々に請け負う仕事が増えて自分の編集時間が足りなくなり、少しずつ外注をしていくことで、動画編集者からディレクターになっていく人が多いです。

安定したディレクターになるポイントは、少しずつ自分が編集する量を減らすことです。最初から全部外注しようとしても難しいことが多いので、少しずつ人に頼めるようになっていきましょう！

2　ディレクターになるメリットとデメリット

ここではディレクターになるメリットとデメリットをそれぞれ紹介していきます！

> **メリット**
> ・編集者とディレクターのときと学びが大きく違う
> ・うまく組織を作れば不労所得に

多くの編集者に発注することになるため、発注者側の視点が身につきます。

また、しっかりと手離れさせられる組織体制を構築できれば、受注から納品まで自分自身が時間を割かなくても業務がまわるようになります。そのため少ない労働時間で利益を生むことができます。

デメリット
・収入が減って労働時間が増える恐れがある

ディレクターの仕事は人のマネジメントです。人をうまくマネジメントできないと、自分の労働時間はむしろ増えてしまいます。

一方で、編集者には報酬を払わないといけないので、忙しいのに稼ぎが減る、などということが起きえます。「なんとなく」でディレクターになるのではなく、しっかり学ぶべきことを学びましょう。

動画ディレクターが気になった人は、まずは多くの動画編集の仕事を受注して、外注を始めることから挑戦してみてください！

ここがポイント

- 動画ディレクターは、案件を受注して他の動画編集者へ外注し、品質を担保するのが仕事
- 動画編集者よりも多くの案件を扱え、収入が増える可能性がある
- マネジメントが上手くいかないと、労働時間が増え稼ぎが減る恐れもある

02 クライアントの売上を作る「マーケター」

ここでは動画編集者にとって最後の昇竜とも言える「マーケター」について解説していきます！

1 マーケターとは

「**マーケター**」は、クライアントのプロジェクトの売上を担保することが仕事です。クライアントの売上をupすることができれば、当然マーケター自身の報酬額upの交渉がしやすくなります。

マーケターとなるには、具体的には次のような知見が求められます。

- YouTubeの動画再生数や視聴維持率などを伸ばすための、YouTubeアルゴリズムへの知見
- YouTubeから売上を作るためのマネタイズ方法の知見

これらを身につけてクライアントの売上を作っていきます。

動画編集の納品にある程度慣れてきたら、ぜひ「その動画を使ってどう売上を作るのか」ということに挑戦してみてくださいね。

マーケターはクライアントと組んでYouTubeチャンネルからの売上を向上させるのが仕事です。

2 マーケターになるメリットとデメリット

マーケターになるメリットとデメリットをそれぞれ紹介します。

> **メリット**
> ・他の業界でもスキルを転用できる
> ・自分の時間が増え、報酬が増える

マーケティング能力の汎用性は非常に高いです。マーケティングの知識があることで色々な業界と取引ができるようになります。

また、動画編集者は、作業者として多くの時間を編集時間に取られてしまいます。しかし、マーケターの仕事はクライアントに稼いでもらうこと。そのために使うのは自分の時間ではなく、頭にある知識です。自分の知識を使う仕事なので、自然と時給は高くなっていきます。

> **デメリット**
> ・責任重大

マーケターになった場合、クライアントの希望に合わせた数字を成果として出さなければいけません。納品することではなく、数字をあげることが仕事になるため責任重大です。胃がキリキリする日々を過ごすことになります。

3 動画編集者が最低限知っておくべき心理学知識

動画編集において知っておくべき心理学の知識を次ページの表にしました。一例ですが、最低限これらの心理学を理解しておきましょう。

編集者が心理学を理解することで、演者が動画素材の中で発言している言葉1つ1つの意図や重みが理解できるようになります。

それにより、動画編集の際に「どこを強調するべきか」などに悩むことなく適切な編集ができるようになります。現場から重宝される高ク

オリティな動画が作れるようになります。

心理学用語	効果
ハロー効果	特定の対象を評価する際に、目立つ特徴に引きずられて他の特徴がゆがめられてしまう現象のこと
バンドワゴン効果	多くの人が所有していたり利用していたりするものほど需要が増える効果のこと
ザイオンス効果	何度も同じものに接するとそのものに対して好印象を持つようになる現象のこと
スノップ効果	入手するのが困難なものほど需要が増え、簡単に手に入るものほど需要がなくなること
ディドロ効果	理想的な価値を持ったものを手にすると、その価値に合わせて自分の持ち物や環境を統一させようとする行動心理のこと
アンカリング効果	最初に与えられた情報がその後の意思決定に影響を及ぼすこと
カリギュラ効果	禁止されると反対に興味を持って禁止されたことを破ってしまうこと
シャルパンティエ効果	同じ重さのものでも体積が大きなものは軽く、小さなものは重く感じられる現象のこと
アンダードッグ効果	ある勝負において不利な側に同情票が集まり、その結果逆転勝利する現象のこと
コンコルド効果	そのまま投資を続けても損するということが分かっていても、それまで投資した分をもったいないと思い、投資を継続してしまうこと

ここがポイント

- ◎ マーケターに必要なのは、YouTubeアルゴリズムとマネタイズ方法の知見
- ◎ マーケターになれば、他の業界でもスキルを発揮できたり、時給が上がる等のメリットがある一方で、責任が増す

YouTube 分析ツールの紹介

　YouTube を伸ばしたいときに役立つ、無料・有料の YouTube 分析ツールを 5 つ紹介します。

無料分析ツール 3 選

・YouTube アナリティクス

　YouTube アナリティクスは、YouTube チャンネルや動画をデータ分析する公式ツールです。YouTube のクリエイターツール内の、左サイドバーにある「アナリティクス」から見られます。

　公式ツールなので、正確な数値を測ることができます。

・NoxInfluencer（https://jp.noxinfluencer.com/）

　NoxInfluencer は、YouTuber 向けに特化したインフルエンサー向けマーケティングサービスです。自分のチャンネルだけでなく、競合分析にも利用できるツールで、日本語にも対応しており、英語が苦手な人も安心して利用できます。

・vidIQ Vision for YouTube（https://chrome.google.com/webstore/detail/vidiq-vision-for-youtube/pachckjkecffpdphbpmfolblodfkgbhl?hl=ja）

　vidIQ Vision for YouTube は、Google Chrom や Firefox ブラウザの拡張機能として提供されている YouTube の無料分析ツールです。アカウントの登録をするとすぐに使うことができるので、分析ツールに詳しくない人でも使えます。

有料分析ツール 2 選

・kamui tracker（https://kamuitracker.com/）

　kamui tracker は国内最大級の動画 SNS データ分析ツールです。YouTube をマーケティングに使いたい企業やチャンネル運営者に活用されています。kamui tracker には無料版と有料版があります。無料版には「チャンネル分析」「トレンド分析」などの機能があります。有料版ではさらに「動画検索」「チャンネル検索」「タイアップ商品一覧」「タイアップレポート」「CSV ダウンロード」などを利用できます。

・Ubersuggest（https://neilpatel.com/jp/ubersuggest/）

　検索キーワードのボリュームや CPC（クリック単価）などを調べられるサービス・ツールです。Web サイトで利用できるほか、Chrome ブラウザの拡張機能としても利用できます。YouTube だけでなく、Google や Amazon などのデータも調べることができます。

Column 10

フリーランス向けおすすめサイト

ここではフリーランスの方へおすすめの、サイトを2つ紹介します。

FREENANCE（フリーナンス）
https://freenance.net/

「フリーランス・個人事業主を支えるお金と保険のサービス」であるFREENANCE（フリーナンス）。

「フリーランスを、もっと自由に。」という想いから立ち上げられたサービスです。

サービスは主に次の3つです。

① あんしん補償：フリーランス向けの各種労働補償サービス
② 即日払い：ファクタリングサービス
③ フリーナンス口座：収納代行用口座

特に②の即日払いに関しては大変便利です。通常は資金調達をする場合、銀行や金融機関から融資を受けると多数の書類や手続きが必要となります。結果的に時間がかかり、一般的に審査が終わるまで数日〜数週間かかってしまいます。

一方、フリーナンスは即日の振込が可能です。

● FREENANCE（https://freenance.net/）

Trello
https://trello.com/

Trelloとは、カードを動かしながらタスクを視覚的に管理できるカンバン方式のツー

（次頁に続く）

ルです。

● Trello（https://trello.com/）

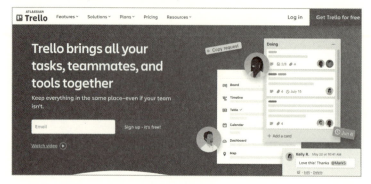

　壁面に付箋紙を貼るような感覚で、ドラック＆ドロップで直感的に操作が可能です。無料での利用範囲の広さも魅力的かつ、多数の外部ツール（Slack、Github、Salesforceなど）とも連携しています。
　それぞれのタスクを担当別、納期別、進捗状態別などに絞り込みして見える化できることが最大の魅力です。クライアントとボードの共有設定をしておけば、プロジェクトの今の状態を様々な視点から把握することができ、進捗の確認がスムーズに行えます。
　動画編集者の場合は「カット済み」「テロップ挿入済み」「BGM、SE 挿入済み」「最終確認待ち」など、状況に合わせてボードを設定すると分かりやすいです。

● 自由にボードを設定できる

[おわりに]

本書を完走したみなさん、お疲れ様でした。

ここまでやりきったみなさんは、技術や知識はYouTube動画編集を行う際、まったく問題ないレベルに達していることを、筆者がお約束します。

もし、自分の動画編集レベルを確認したり、さらなるスキルアップをはかりたい人は、筆者が主催する「動画編集CAMP」の無料説明会をお勧めします！　申し込みいただくと、豪華な無料特典もついてきます。

下記のQRコードは筆者の公式LINEアカウントです。読み込んでお申し込みください！

● 編集協力

高取 彪芽(たかとり ひょうが)
株式会社ヒルウラ 代表取締役。2023年8月から動画編集を開始。動画編集を始めて1ヶ月で売上32万円、半年で月商100万円越え、1年で月商500万円を達成した現役の動画編集者。著者青笹との共同サービス「動画編集CAMP-takatori」を開講。2024年11月現在は法人1期目で年商1億突破を目標に活動中。

もっと 世界一やさしい YouTube 動画編集の 教科書 1年生

2025 年 1 月 31 日　初版第 1 刷発行

著　　者　　青笹寛史

装　　幀　　植竹裕

発 行 人　　柳澤淳一

編 集 人　　久保田賢二

発 行 所　　株式会社ソーテック社

　　　　　　〒 102-0072 東京都千代田区飯田橋 4-9-5　スギタビル 4F

　　　　　　電話：注文専用　03-3262-5320

　　　　　　FAX：　　　　　03-3262-5326

印 刷 所　　広研印刷株式会社

本書の全部または一部を、株式会社ソーテック社および著者の承諾を得ずに無断で複写
（コピー）することは、著作権法上での例外を除き禁じられています。
製本には十分注意をしておりますが、万一、乱丁・落丁などの不良品がございましたら、
「販売部」宛にお送りください。送料は小社負担にてお取り替えいたします。

©Hirofumi Aosasa 2025, Printed in Japan
ISBN978-4-8007-1342-1